THANK
YOU

《나는야 계산왕》을 함께 만들어 준 체험단 여러분,
진심으로 고맙습니다.

고준휘	곽민경	권도율	권승윤	권하경	김규민	김나은
김나은	김나현	김도윤	김도현	김민혁	김서윤	김서현
김수인	김슬아	김시원	김준형	김지오	김은우	김채율
김태훈	김하율	노연서	류소율	민아름	박가은	박민지
박재현	박주현	박태성	박하람	박하린	박현서	백민재
변서아	서유열	손민기	손예빈	송채현	신재현	신정원
엄상준	우연주	유다연	유수정	윤서나	이건우	이다혜
이재인	이지섭	이채이	전우주	전유찬	정고운	정라예
정석현	정태은	주하연	최서윤	편도훈	하재희	허승준
허준서	석준	태윤	요한	하랑	현블리	

우리 아이들에겐
더 재미있는 수학 학습서가 필요합니다!

수학 시간이 되면 고개를 푹 숙이고 한숨짓는 아이들의 모습을 보며,
'좀 더 신나고 즐겁게 수학을 공부할 수는 없는 것일까?'
고민하던 선생님들이 뭉쳤습니다.

이제 곧 자녀를 초등학교에 보내야 하는
대한민국 최장수 웹툰 〈마음의 소리〉의 조석 작가도
기꺼이 《나는야 계산왕》 출간 프로젝트에 함께했습니다.

《나는야 계산왕》은
수학이라는 거대한 여정을 떠나야 하는 우리 아이들에게
수학은 즐겁고 재미있는 공부라는 것을 알려 줍니다.
즐겁게 만화를 읽고
다양한 문제를 입체적으로 학습하면서,
수학이 얼마나 우리의 사고력과 상상력을 높고 넓게 키워주는지 확인하게 됩니다.

우리 아이의 수학 첫걸음을 《나는야 계산왕》과 함께하도록 해 주세요.
"엄마, 수학은 정말 재밌어!"
기뻐하는 아이의 모습을 확인하실 수 있을 거예요.

나는야 계산왕 2학년 2권

초판 1쇄 발행 2020년 3월 9일 **초판 2쇄 발행** 2022년 4월 20일

원작 조석 **글·구성** 김차명 좌승협 **구성 도움** 이효연 송다솜
펴낸이 이승현

편집2 본부장 박태근
W&G 팀장 류혜정
외주편집 박지혜
디자인 함지현

펴낸곳 ㈜위즈덤하우스 **출판등록** 2000년 5월 23일 제13-1071호
주소 서울특별시 마포구 양화로 19 합정오피스빌딩 17층
전화 02) 2179-5600 **홈페이지** www.wisdomhouse.co.kr

ⓒ 조석, 김차명, 좌승협, 2020

ISBN 979-11-90630-58-0 64410
　　　979-11-90427-34-0 64410(세트)

도와 줘!
마음의소리

나는야
계산왕

2학년
2권

원작 조석

글 · 구성

김차명 교사
좌승협 교사

감수

구본형 교사
남민주 교사
손태권 교사
박채현 교사

위즈덤하우스

초등수학의 정석, 친절하고 유쾌한 길잡이!
《나는야 계산왕》이 있어 수학이 즐겁습니다!

★★★★★ 연산 문제집 한 페이지 풀기도 싫어하는 아이에게 혹시나 하는 마음에 보여줬어요. 만화만 볼 줄 알았는데 만화를 보고 난 뒤 옆에 있는 문제를 풀었더라고요. 하라고 하지도 않았는데 스스로 하는 게 신기했어요.

- 윤공 님

★★★★★ 집에 연산 문제집이 있었는데 아이가 너무 지루해했어요. 그래서 스스로 필요하다고 생각하기 전에 문제집은 사 주지 않을 생각이었는데,《나는야 계산왕》은 체험판이 도착하자마자, 그 자리에 앉아서 한 번도 안 움직이고 다 풀었어요. 열심히 하는 사람을 뛰어넘을 수 있는 사람은 즐기는 사람밖에 없다는 말이 있지요? 즐거워하며 풀 수 있는 문제집인 만큼 주변 엄마들에게도 권해 주고 싶습니다.

- 하얀토끼 님

★★★★★ 내가 조석이 된 것처럼 느껴졌다. 조석이 되어서 만화 속에서 문제를 푸는 느낌이 들었다. 엄마가 시간도 얼마 안 걸렸다고 칭찬해 주셨다. 만화를 읽고 문제를 푸니 재미있었다.

- 체험단 박재현 군

★★★★★ 아이가 평소 접했던 만화 〈마음의 소리〉를 통해 이해하기 쉽게 설명되어 있어서 좋았습니다. 문제의 양도 적당해서 아이가 풀면서 성취감도 큰 것 같아요. 아직 저학년에게는 어렵게 다가가기보다는 즐겁게 다가가는 것이 좋은 것 같습니다. 아이가 좋아하고, 잘 이해합니다. 현직 교사가 만든 학습서라 믿음이 가요.

- 하랑맘 님

★★★★★ 친근한 캐릭터라 아이가 흥미를 가지네요. 계산 문제를 풀기 전에 학습 만화로 개념을 먼저 익혀서 좋아요. 부담스럽지 않은 분량이라 아이가 재미있게 공부하네요.

- 동글이맘 님

★★★★★ 아이가 문제집을 앉아서 풀도록 하기까지의 과정이 제일 힘들었어요. 문제를 제대로 읽지 않고 대충 풀려고 하는 자세를 바꾸는 것도 힘들었고요. 그런데 이 책은 개념에 대한 이해를 만화로 해 주고 있다 보니 아이가 즐거워하고 일단 책을 펴기까지의 과정이 수월하네요.

- 하경승윤맘 님

★★★★★ 다른 교재들과 다르게 캐릭터 특징이 있어서 아이가 정말 집중해서 읽고 풀더라고요. 독특한 구성이라 더욱 좋아했던 것 같습니다. 아이가 개념 부분을 하나도 빼놓지 않고 읽은 적은 처음이었어요.

- 달콤초코 님

《나는야 계산왕》을 통해 여러분의 꿈에 한 발짝 가까워지기를 바랍니다

〈마음의 소리〉를 수학책으로 만든다는 이야기를 들었을 때 제일 먼저 든 생각은 '우리 애들도 나중에 이 수학책으로 공부를 하면 재미있겠다!'라는 것이었습니다.
저야 어린시절부터 쭈욱 수학이란 과목을 어려워했지만 〈마음의 소리〉를 보던 어린 친구들이나 아니면 〈마음의 소리〉를 봐 오시다가 자녀가 생긴 독자분들이 이 책으로 수학을 접한다면 의미있겠다는 기분도 들었고요.

제가 웹툰을 그려오면서 공부와 관련된 책까지 함께할 거라는 생각은 해 본 적이 없어서 저 역시 두근거립니다. 개그만화로 웃음을 주는 것 이외에 다른 목적으로 책을 내 보는 건 처음이니까요. 물론 저도 풀어볼 예정이지만.... 아마 많이 틀리겠죠?
저처럼 커서도 수학이 어렵거나 꺼려지는 어른이 되지 않기 위해 독자분들은 이런 친근한 형태의 책으로 도움을 많이 받으셨으면 합니다.
훌륭한 선생님들께서 만들어 주신 책이라 아마 그럴 수 있지 않을까 싶네요!

단순히 재미난 문제집 한 권이 아닌, 즐거운 도움을 드리는 책이 되었으면 합니다.
조금 더 거창하게 말하자면 이 책을 접하는 어린 친구들이 먼 미래의 꿈을 이루는 데 도움이 되었으면 하고요.
여전히 수학이 어려운 저 같은 사람이 되지 않길 바라며 응원하겠습니다.
화이팅!

조 석

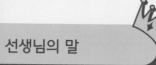

할 수 있어!

개념 만화 +

입체 풀이 +

스토리텔링형
3단계 학습법

우리 아이들도
신나게 수학을 배울 수 있습니다!

매년 학부모 상담 기간이 되면 아이가 수학을 어려워한다며 걱정하시는 부모님들을 만나게 됩니다. 교사인 저희에게도 무척 고민이 되는 지점입니다. 숫자 가득한 문제집을 앞에 두고 한숨을 푹 쉬며 연필을 집어 드는 아이들을 볼 때마다 '우리 아이들이 신나게 수학을 배울 수는 없는 것일까' 교사로서의 걱정도 깊어집니다.

수학에 있어서 반복적인 문제풀이는 반드시 필요한 과정이지만, 기본 개념이 잡히지 않은 상태에서 무턱대고 문제만 푸는 것은 우리 아이들이 수학을 싫어하게 되는 가장 첫 번째 이유입니다. 아이들이 공부를 지겨워하는 것은, 지겨울 수밖에 없는 방식으로 배우기 때문입니다. 우리 어른들의 생각과 달리, 아이들은 모르는 것을 아는 일에, 아는 것을 새로운 방법으로 익히는 일에 훨씬 많은 흥미를 가지고 있습니다. 재미있게 가르치면 재미있게 배울 수 있고, 흥미를 느낀 이후에는 하나를 알려 주면 열을 익히게 됩니다. 수학을 주입식으로 가르칠 것이 아니라, 개념을 알려 주고 입체적으로 풀게 하는 것이 중요한 이유입니다. 이러한 고민을 바탕으로 개발한 문제집이 기본 개념을 만화로 익히고 문제는 다양한 유형으로 접하도록 한《나는야 계산왕》입니다.

계산왕!

깔깔깔 웃으며 수학의 기본을 익히는 개념 만화

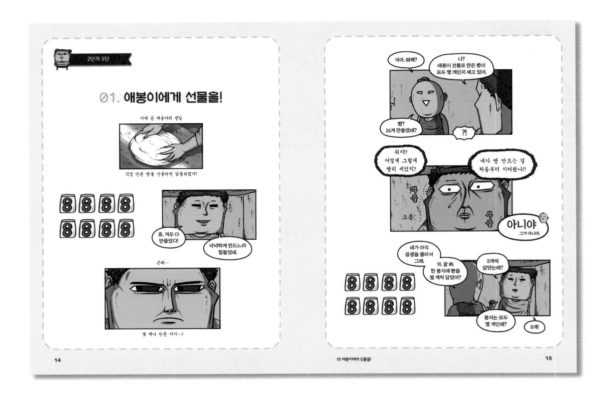

집중시간이 짧은 아이들에게는 글보다는 잘 만든 시각자료가 필요합니다. 하지만 많은 아이들이 현실에서는 전혀 쓸모없어 보이는 예시를 가지고 무턱대고 사칙연산의 기본 개념을 암기하게 됩니다. "도대체 수학은 왜 배워요?"라는 질문도 아이들의 입장에선 어쩌면 당연합니다.《나는야 계산왕》은 반복적인 문제풀이를 하기에 앞서, 온 국민이 사랑하는 웹툰〈마음의 소리〉를 수학적 상황에 맞추어 각색한 만화로 읽도록 구성했습니다. 주인공 석이와 준이 형아가 함께 엄마의 심부름을 하고 방 탈출 카페를 가는 일상의 에피소드를 보며 실생활에서 수학의 기본 개념을 어떻게 접하고 해결할 수 있는지를 익히게 됩니다. 이를 통해 암기로서의 수학이 아니라, 우리의 일상을 더욱 즐겁고 효율적으로 만들어 주는 훌륭한 도구로서의 수학을 익히게 됩니다.

하루 한 장, 수학적 창의력을 키우는 문제풀이

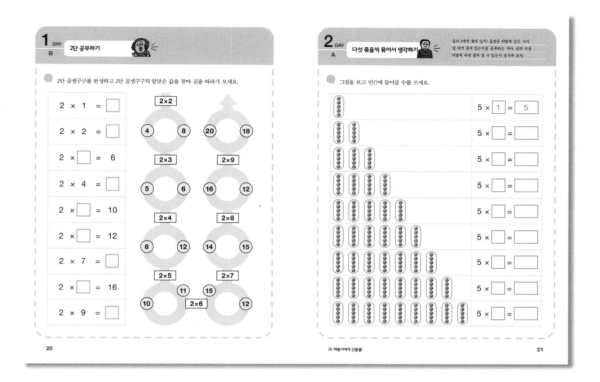

흔히 수학의 정답은 하나라고 이야기하지만, 이는 절반만 맞는 명제입니다. 수학의 정답은 하나이지만, 풀이는 다양합니다. 이 풀이까지를 다양하게 도출할 수 있어야, 진짜 수학의 정답을 맞히는 것입니다. 덧셈과 뺄셈, 곱셈과 나눗셈은 모두 역연산 관계에 있습니다. 1+2=3이고, 3-2=1이며, 1×2=2이고, 2÷2=1의 관계에 있습니다. 앞으로 풀면 덧셈이고 거꾸로 풀면 뺄셈이 되는 이 관계성만 잘 파악해도 초등수학은 훨씬 더 재밌어집니다. 《나는야 계산왕》은 사칙연산의 역연산 관계를 고려한 다양한 문제를 하루에 한 장씩 풀도록 구성했습니다. 뿐만 아니라 단순한 계산식을 이해하기 어려운 아이들을 위해 다양하고 입체적인 그림 연산으로 구성했습니다. 하루 한 장을 풀고 나면, 한 가지 정답을 만드는 두 개 이상의 풀이를 경험하게 됩니다. 문제를 접한 체험단 학생이 "만화보다 문제가 재밌다"는 평가를 줄 정도로 직관적이고 재미있습니다. 문제풀이만으로도 얼마든지 수학을 좋아하게 될 수 있다는 것을 보여 줄 것입니다.

개정교육과정의 수학 교과 역량을 반영한 스토리텔링형 문제

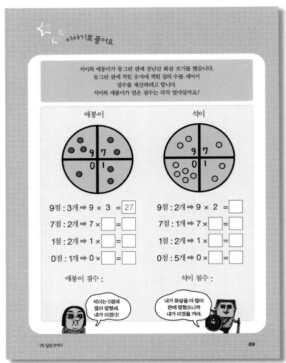

2015개정교육과정은 총 6가지의 수학 교과 역량을 중점적으로 다루고 있습니다. 책은 '문제해결, 추론, 창의·융합, 의사소통, 정보 처리, 태도 및 실천'이라는 핵심 교과 역량을 최대치로 끌어올렸습니다. 〈이야기로 풀어요〉에 해당하는 심화 문제들은, 어떤 수학 문제집에서도 나오지 않는 창의적인 문제 유형을 통해 교육과정이 요구하는 수학 역량들을 골고루 발달하도록 힘을 실어 줍니다. 문제의 정답을 맞혀 잊어버린 현관문 비밀번호를 찾아내고, 미로를 뚫고 헤어진 친구를 다시 만나는 스토리텔링 형식의 문제를 통해 우리 아이들은 수학이라는 언어를 통해 새롭게 정보를 처리하고 문제를 해결하는 능력을 키울 수 있을 것입니다.

우리 가족 모두 계산왕이 될 거야!

★ 1학년 1학기 ★

1단원	9까지의 수를 모으고 가르기
2단원	한 자리 수의 덧셈
3단원	한 자리 수의 뺄셈
4단원	덧셈과 뺄셈 해 보기
5단원	덧셈식과 뺄셈식 만들기
6단원	19까지의 수를 모으고 가르기
7단원	50까지의 수
8단원	덧셈과 뺄셈 종합

★ 1학년 2학기 ★

1단원	100까지의 수
2단원	몇십몇+몇, 몇십몇-몇
3단원	몇십+몇십, 몇십-몇십
4단원	몇십몇+몇십 몇, 몇십몇-몇십 몇
5단원	세 수의 덧셈과 뺄셈
6단원	0이 되는 더하기
7단원	받아올림이 있는 (몇)+(몇)
8단원	십몇-몇=몇

★ 2학년 1학기 ★

1단원	세 자리 수
2단원	받아올림이 있는 (두 자리 수) + (한 자리 수)
3단원	받아올림이 있는 (두 자리 수) + (두 자리 수) I
4단원	받아올림이 있는 (두 자리 수) + (두 자리 수) II
5단원	받아내림이 있는 (두 자리 수) - (한 자리 수)
6단원	받아내림이 있는 (몇십) - (몇십몇)
7단원	받아내림이 있는 (몇십몇) - (몇십몇)
8단원	여러 가지 방법으로 덧셈, 뺄셈 하기
9단원	세 수의 덧셈과 뺄셈
10단원	곱셈의 의미

★ 2학년 2학기 ★

1단원	2단과 5단
2단원	3단과 6단
3단원	2단, 3단, 5단, 6단
4단원	4단과 8단
5단원	0단, 1단, 7단, 9단
6단원	0단, 1단, 4단, 7단, 8단, 9단
7단원	1~9단 종합
8단원	0~9단 종합

★ 3학년 1학기 ★

1단원	받아올림이 없는 세 자리 수 덧셈
2단원	받아올림이 있는 세 자리 수 덧셈
3단원	(세 자리 수) - (세 자리 수) I
4단원	(세 자리 수) - (세 자리 수) II
5단원	나눗셈(똑같이 나누기)
6단원	나눗셈(몫을 곱셈구구로 구하기)
7단원	(두 자리 수) × (한 자리 수) I
8단원	(두 자리 수) × (한 자리 수) II
9단원	(두 자리 수) × (한 자리 수) III
10단원	(두 자리 수) × (한 자리 수) IV

★ 3학년 2학기 ★

1단원	(세 자리 수) × (한 자리 수) I
2단원	(세 자리 수) × (한 자리 수) II
3단원	(두 자리 수) × (두 자리 수) I
4단원	(두 자리 수) × (두 자리 수) II
5단원	몇십 ÷ 몇
6단원	몇십몇 ÷ 몇
7단원	나머지가 있는 (몇십몇) ÷ (몇)
8단원	세 자리 수 ÷ 한 자리 수
9단원	분수로 나타내기
10단원	여러 가지 분수와 크기 비교

차례

01. 애봉이에게 선물을!

이제 곧 애봉이의 생일

직접 만든 빵을 선물하면 감동하겠지?

휴, 겨우 다 만들었다!

넉넉하게 만드느라 힘들었네.

근데…

몇 개나 만든 거지…?

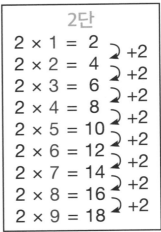

곱하는 수

$$2 \times \boxed{8} = 16$$
$$2 \times \boxed{9} = \boxed{} \quad +2$$

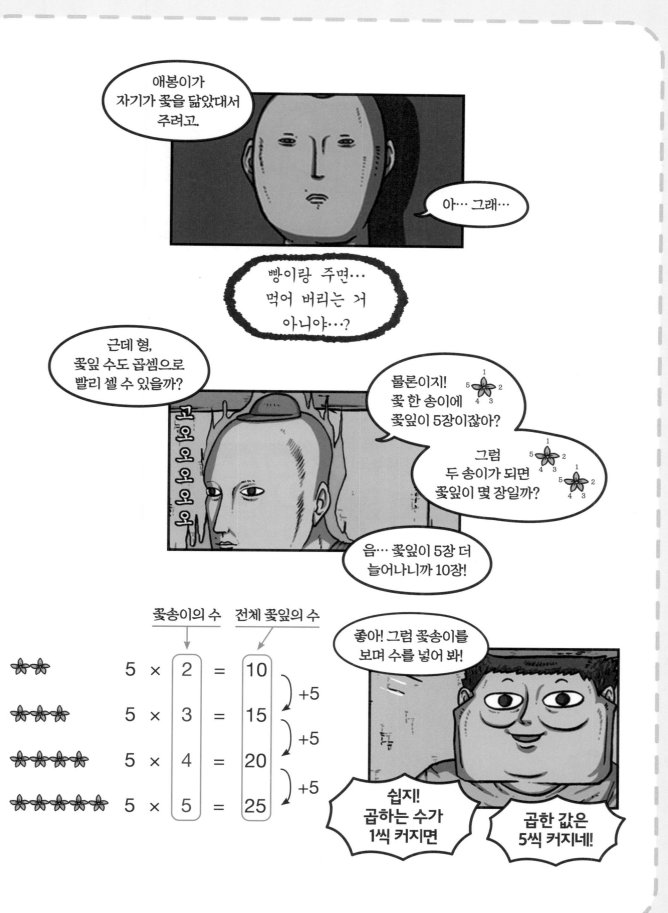

5단		
5 × 1	=	5
5 × 2	=	10
5 × 3	=	15
5 × 4	=	20
5 × 5	=	25
5 × 6	=	30
5 × 7	=	35
5 × 8	=	40
5 × 9	=	45

그리고 생일 당일…

그래서, 5단을 이용해서 꽃잎을…

애봉아, 듣고 있어?

선물 준다고 부르고 벌써 1시간째라고!

이제 그만 말해!

으악, 아직 할 말이 더 남았…

대폭발

마음의 꿀팁

2단과 5단을 외울 때는 곱셈구구의 원리를 이해하고 외워야 해.
2×5=10은 2의 5배가 10이라는 뜻과
2를 5번 더하면 10이라는 뜻이 있어.

두 묶음씩 묶어서 생각하기

그림을 보고 한 봉지에 구슬이 몇 개 들어 있는지 세어 봐!
그리고 봉지가 하나씩 늘어날 때마다
구슬이 몇 개가 되는지 생각하고 2단을 완성해 봐.

💬 그림을 보고 빈칸에 들어갈 수를 쓰세요.

(봉지 1개)	2 × [1] = [2]
(봉지 2개)	2 × [ ] = [ ]
(봉지 3개)	2 × [ ] = [ ]
(봉지 4개)	2 × [ ] = [ ]
(봉지 5개)	2 × [ ] = [ ]
(봉지 6개)	2 × [ ] = [ ]
(봉지 7개)	2 × [ ] = [ ]
(봉지 8개)	2 × [ ] = [ ]
(봉지 9개)	2 × [ ] = [ ]

2단 공부하기

2단 곱셈구구를 완성하고 2단 곱셈구구의 알맞은 값을 찾아 길을 따라가 보세요.

2 × 1 = ☐		
2 × 2 = ☐		
2 × ☐ = 6		
2 × 4 = ☐		
2 × ☐ = 10		
2 × ☐ = 12		
2 × 7 = ☐		
2 × ☐ = 16		
2 × 9 = ☐		

2×2

④ ⑧   ⑳ ⑱

2×3   2×9

⑤ ⑥   ⑯ ⑫

2×4   2×8

⑧ ⑫   ⑭ ⑮

2×5   2×7

⑪ ⑮

⑩ 2×6 ⑫

다섯 묶음씩 묶어서 생각하기

공이 5개씩 묶여 있지? 곱셈은 이렇게 같은 수가
몇 개씩 묶여 있는지를 공부하는 거야. 공의 수를
어떻게 하면 쉽게 셀 수 있는지 공부해 보자.

 그림을 보고 빈칸에 들어갈 수를 쓰세요.

	$5 \times \boxed{1} = \boxed{5}$
	$5 \times \boxed{} = \boxed{}$
	$5 \times \boxed{} = \boxed{}$
	$5 \times \boxed{} = \boxed{}$
	$5 \times \boxed{} = \boxed{}$
	$5 \times \boxed{} = \boxed{}$
	$5 \times \boxed{} = \boxed{}$
	$5 \times \boxed{} = \boxed{}$
	$5 \times \boxed{} = \boxed{}$

5단 공부하기

5단 곱셈구구를 완성하고 5단 곱셈구구의 알맞은 값을 찾아 길을 따라가 보세요.

5 × 1 = ☐	
5 × 2 = ☐	
5 × ☐ = 15	
5 × 4 = ☐	
5 × 5 = ☐	
5 × ☐ = 30	
5 × ☐ = 35	
5 × ☐ = 40	
5 × 9 = ☐	

5×2

9   10   45   50

5×3   5×9

15   20   30   40

5×4   5×8

20   25   35   36

5×5   5×7

25   31

24   5×6   30

수직선으로 2단 알아보기

수직선에서 뛰어 세기를 할 때마다
몇씩 커지는지 알아야 해.

💬 수직선에서 2씩 뛰어 세어 보고 빈칸에 들어갈 알맞은 수를 쓰세요.

예시

$2 \times 7 = \boxed{14}$

① 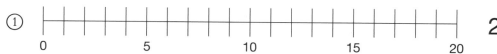 $2 \times 5 = \boxed{}$

② $2 \times 8 = \boxed{}$

③ $2 \times 3 = \boxed{}$

④ $2 \times 6 = \boxed{}$

⑤ $2 \times 9 = \boxed{}$

⑥  $2 \times 1 = \boxed{}$

⑦ 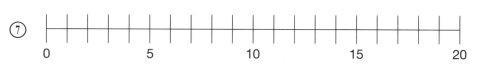 $2 \times 4 = \boxed{}$

수직선으로 5단 알아보기

수직선에서 5씩 뛰어 세어 보고 빈칸에 들어갈 알맞은 수를 쓰세요.

① 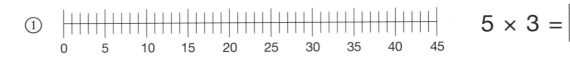   5 × 3 = ☐

②   5 × 5 = ☐

③   5 × 8 = ☐

④   5 × 4 = ☐

⑤   5 × 6 = ☐

⑥   5 × 9 = ☐

⑦   5 × 2 = ☐

⑧   5 × 7 = ☐

같은 수가 몇 번 반복되는지 알아보기

상자 한 개의 가로 길이가 2cm라고 나와 있어. 이제 이 상자가 주어진 그림에 몇 개 있는지 세어 보면 전체 길이를 알 수 있겠지?

 상자 한 개의 가로 길이는 2cm입니다. 각 문제에 주어진 그림을 보고 전체 상자의 길이를 구하세요.

① 2 × ☐ = ☐

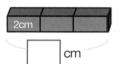

☐ cm

② 2 × ☐ = ☐

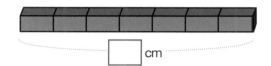

☐ cm

③ 2 × ☐ = ☐

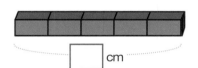

☐ cm

④ 2 × ☐ = ☐

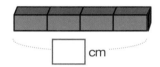

☐ cm

⑤ 2 × ☐ = ☐

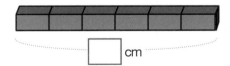

☐ cm

⑥ 2 × ☐ = ☐

☐ cm

⑦ 2 × ☐ = ☐

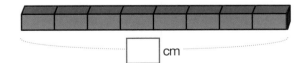

☐ cm

⑧ 2 × ☐ = ☐

☐ cm

같은 수가 몇 번
반복되는지 알아보기

 상자 한 개의 가로 길이는 5cm입니다. 각 문제에 주어진 그림을 보고 전체 상자의 길이를
구하세요.

① 5 × ☐ = ☐

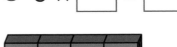

☐ cm

② 5 × ☐ = ☐

☐ cm

③ 5 × ☐ = ☐

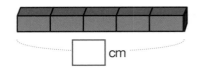

☐ cm

④ 5 × ☐ = ☐

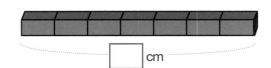

☐ cm

⑤ 5 × ☐ = ☐

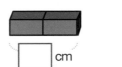

☐ cm

⑥ 5 × ☐ = ☐

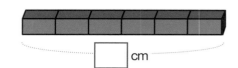

☐ cm

⑦ 5 × ☐ = ☐

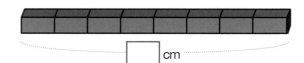

☐ cm

⑧ 5 × ☐ = ☐

☐ cm

2단과 5단 계산하기

답이 생각나지 않을 때에는 2단과 5단 곱셈구구를 처음부터 소리 내어 외워 봐.

💬 빈칸에 알맞은 수를 써넣으세요.

①
×	1	3	5	6
2	2		10	
5		15		

②
×	1	2	5	7
5				
2				

③
×	8	4	9	2
2				
5				

④
×	3	6	4	7
5				
2				

⑤
×	9	8	5	4
2				
5				

⑥
×	6	2	5	1
2				
5				

⑦
×	6	9	3	2
2				
5				

⑧
×	1	7	3	8
5				
2				

2단과 5단 계산하기

빈칸에 알맞은 수를 써넣으세요.

①

×		3	7
5	5	25	
2	2	10	

②

×	2		6	8
2		8		
5		20		

③

×	9	6		
5			15	25
2				10

④

×	7		5	2
5				
2		8		

⑤

×		3	9	4
5	30			
2		6		

⑥

×		8	6	
5				5
2	18			

⑦

×				
2	4		18	
5		25		40

⑧

×				
5	40		5	35
2		6		

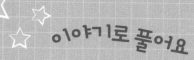

석이와 애봉이가
아빠가 낸 돌 쌓기 문제를
풀고 있습니다.

아빠가 돌에 숫자를 적었다.
석이는 2단,
애봉이는 5단에 맞게
빈칸에 수를 적어라.

2단에 맞게
돌에 숫자를 적어 줘.

5단에 맞게 돌에
숫자를 적어 줘.

| |
| |
| 16 |
| |
| 12 |
| |
| |
| 6 |
| |
| 2 |

| 45 |
| |
| |
| 30 |
| |
| 20 |
| |
| |
| 5 |

02. 이 버스는 친환경 버스입니다

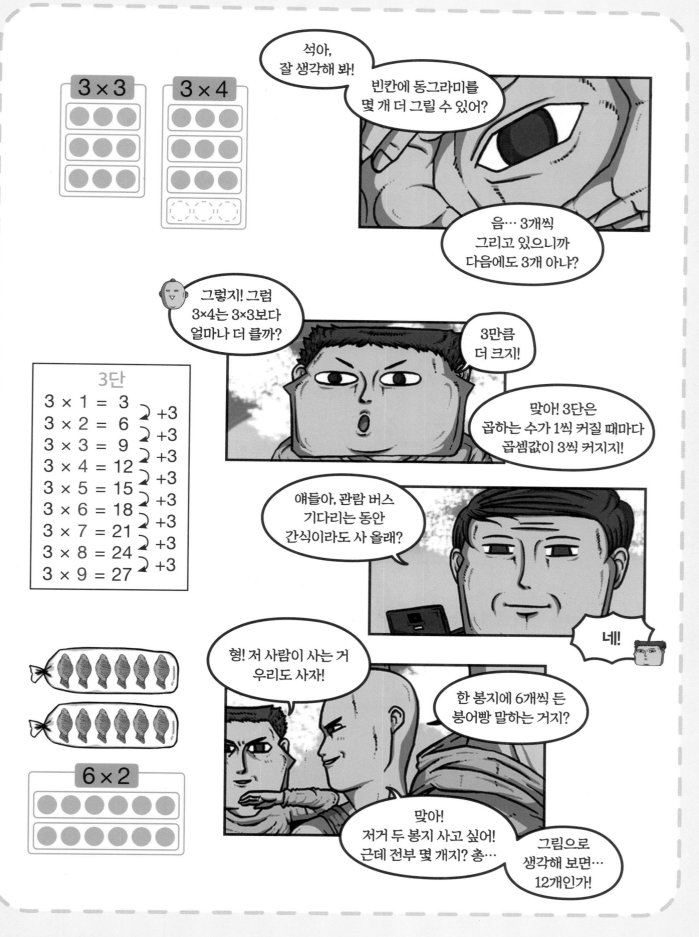

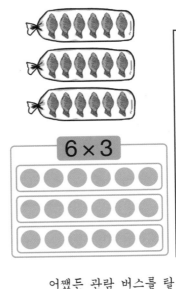

6단

6×1	=	6
6×2	=	12
6×3	=	18
6×4	=	24
6×5	=	30
6×6	=	36
6×7	=	42
6×8	=	48
6×9	=	54

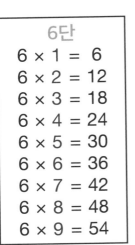

6×3

그럼 난 형이니까 세 봉지 먹어야지!

나보다 6개나 더 먹는다고…? 그럼 18개?

사람 맞아?

어쨌든 관람 버스를 탈 시간이 되고…

이거 타고 또 놀이기구 타야지!

재미있겠다!

관람 버스를 타신 승객 분들께 안내 드립니다!

이 버스는 친환경 버스로, 여러분이 직접 페달을 밟아야 앞으로 나갑니다.

운동과 관람을 동시에 즐겨 보세요!

?????????????????

녀석들… 놀이기구도 아니고 관람 버스를 무서워하다니

아빠! 나 내릴래요!

으아아악! 싫어!

다 큰 줄 알았는데 아직 어리군…

마음의 꿀팁

3개의 사과가 6봉지 있으면 사과는 모두 몇 개일까?
3+3+3+3+3+3=18처럼 3을 6번 더할 수도 있지만
3개씩 한 묶음이 6묶음 있으므로 3×6=18로도 계산할 수 있어.
3씩 6번 더하는 것보다 묶음의 개념을 이용하면 계산을 정확하고 빠르게 할 수 있어.

1 DAY

A

세 개씩 묶어서 생각하기

그림을 보고 같은 색 구슬이 몇 개씩 모여 있는지 세어 보자! 그리고 구슬이 3개씩 늘어날 때마다 구슬이 몇 개가 되는지 생각하고 3단을 완성해 봐.

💬 구슬이 모두 몇 개인지 곱셈식으로 나타내어 보세요.

3 × ☐ = ☐

3 × ☐ = ☐

3 × ☐ = ☐

3 × ☐ = ☐

3 × ☐ = ☐

3 × ☐ = ☐

3 × ☐ = ☐

3 × ☐ = ☐

3 × ☐ = ☐

여섯 개씩 묶어서 생각하기

상자 한 개에 인형이 6개씩 들어 있습니다. 인형이 모두 몇 개인지 곱셈식으로 나타내어 보세요.

 $6 \times \boxed{} = \boxed{}$

 $6 \times \boxed{} = \boxed{}$

 $6 \times \boxed{} = \boxed{}$

 $6 \times \boxed{} = \boxed{}$

 $6 \times \boxed{} = \boxed{}$

 $6 \times \boxed{} = \boxed{}$

 $6 \times \boxed{} = \boxed{}$

 $6 \times \boxed{} = \boxed{}$

$6 \times \boxed{} = \boxed{}$

3단 곱셈구구에서
곱하는 수가 1씩 커지면 곱셈 결과는 3씩 커져.
3단을 큰 목소리로 외워 봐!

💬 3단 곱셈구구를 완성하고 3단 곱셈구구의 알맞은 값을 찾아 길을 따라가 보세요.

$3 \times 1 = \boxed{}$

$3 \times 2 = \boxed{}$

$3 \times \boxed{} = 9$

$3 \times 4 = \boxed{}$

$3 \times 5 = \boxed{}$

$3 \times \boxed{} = 18$

$3 \times \boxed{} = 21$

$3 \times \boxed{} = 24$

$3 \times 9 = \boxed{}$

3×2

⑤　⑥　　㉗　㉘

3×3　　3×9

⑨　⑩　　㉔　㉕

3×4　　3×8

⑪　⑫　　㉑　㉒

3×5　　3×7

　⑮　⑱

⑭　3×6　⑳

6단 공부하기

6단 곱셈구구를 완성하고 6단 곱셈구구의 알맞은 값을 찾아 길을 따라가 보세요.

6	×	1	= ☐
6	×	2	= ☐
6	×	☐	= 18
6	×	☐	= 24
6	×	5	= ☐
6	×	☐	= 36
6	×	7	= ☐
6	×	8	= ☐
6	×	☐	= 54

6×2

6   12   54   56

6×3   6×9

15   18   45   48

6×4   6×8

24   27   42   43

6×5   6×7

35   35

30   6×6   36

수직선으로 3단 알아보기

수직선에 적힌 숫자를 한 칸씩 뛰어 세기를 할 때마다
몇 씩 커지는지 알아야 해.

💬 빈칸에 들어갈 알맞은 수를 쓰고, 석이가 도착한 곳을 곱셈식으로 나타내세요.

예시

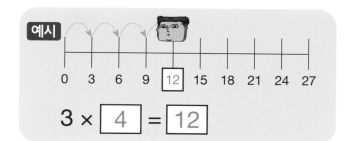

0 3 6 9 12 15 18 21 24 27

$$3 \times \boxed{4} = \boxed{12}$$

①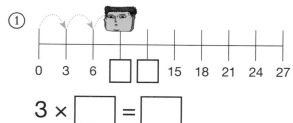

0 3 6 □ □ 15 18 21 24 27

$$3 \times \boxed{} = \boxed{}$$

②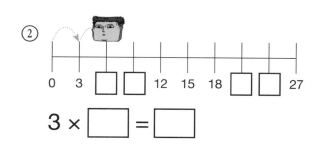

0 3 □ □ 12 15 18 □ □ 27

$$3 \times \boxed{} = \boxed{}$$

③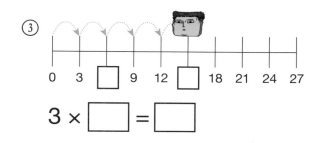

0 3 □ 9 12 □ 18 21 24 27

$$3 \times \boxed{} = \boxed{}$$

④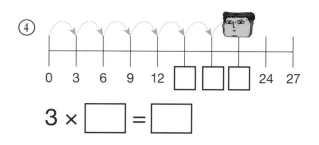

0 3 6 9 12 □ □ □ 24 27

$$3 \times \boxed{} = \boxed{}$$

⑤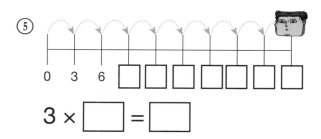

0 3 6 □ □ □ □ □ □ □

$$3 \times \boxed{} = \boxed{}$$

⑥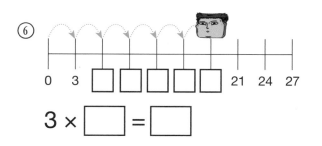

0 3 □ □ □ □ □ 21 24 27

$$3 \times \boxed{} = \boxed{}$$

⑦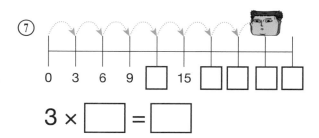

0 3 6 9 □ 15 □ □ □ □

$$3 \times \boxed{} = \boxed{}$$

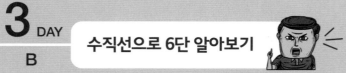

수직선으로 6단 알아보기

💬 빈칸에 들어갈 알맞은 수를 쓰고, 석이가 도착한 곳을 곱셈식으로 나타내세요.

①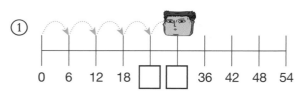

0 6 12 18 ☐ ☐ 36 42 48 54

6 × ☐ = ☐

②

0 6 12 18 24 30 ☐ ☐ 48 54

6 × ☐ = ☐

③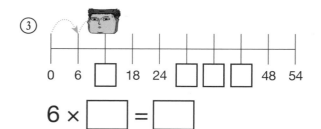

0 6 ☐ 18 24 ☐ ☐ ☐ 48 54

6 × ☐ = ☐

④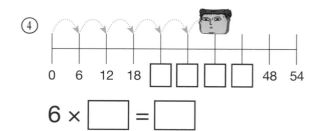

0 6 12 18 ☐ ☐ ☐ ☐ 48 54

6 × ☐ = ☐

⑤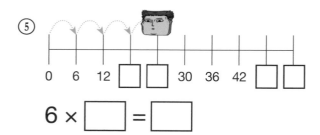

0 6 12 ☐ ☐ 30 36 42 ☐ ☐

6 × ☐ = ☐

⑥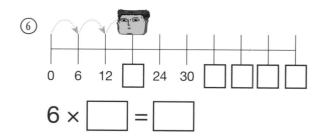

0 6 12 ☐ 24 30 ☐ ☐ ☐ ☐

6 × ☐ = ☐

⑦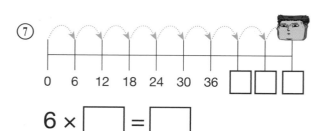

0 6 12 18 24 30 36 ☐ ☐ ☐

6 × ☐ = ☐

⑧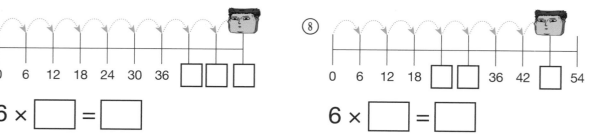

0 6 12 18 ☐ ☐ 36 42 ☐ 54

6 × ☐ = ☐

3단과 6단의 곱하는 수 찾기

3에 얼마를 곱하면 21이 될지 생각해 봐!

이제까지 익힌 3단을 기억하며 길을 따라가 보자!

💬 곱셈 계산 결과가 맞게 길을 따라가 보세요.

① 3　×4　×5　×7　21

② 6　×2　×3　×4　12

③ 3　×4　×5　×7　15

④ 6　×1　×4　×7　24

⑤ 3　×3　×5　×6　18

⑥ 6　×3　×6　×8　36

⑦ 3　×2　×4　×7　12

⑧ 6　×5　×6　×7　42

4 DAY

B

3단과 6단의 곱하는 수 찾기

곱셈 계산 결과가 맞게 길을 따라가 보세요.

① 3 ×2 ×3 ×4 9

② 6 ×3 ×6 ×9 18

③ 3 ×9 ×6 ×3 27

④ 6 ×4 ×5 ×7 42

⑤ 3 ×1 ×2 ×5 6

⑥ 6 ×2 ×5 ×8 48

⑦ 3 ×6 ×8 ×9 24

⑧ 6 ×4 ×5 ×6 30

5 DAY
A

3단과 6단 계산하기

이제까지 익힌 3단과 6단 곱셈구구를 떠올리며 문제를 해결해 봐. 답이 잘 떠오르지 않으면 3단과 6단을 처음부터 소리 내어 외우는 것도 도움이 될 거야.

💬 빈칸에 알맞은 수를 써넣으세요.

①

×	3	5	7	9
3	9		21	
6			42	

②

×	1	4	6	8
6				
3				

③

×	2	4	8	3
3				
6				

④

×	9	8	7	6
6				
3				

⑤

×	3	4	6	1
3				
6				

⑥

×	5	2	4	7
6				
3				

⑦

×	9	2	3	5
3				
6				

⑧

×	1	7	6	2
6				
3				

3단과 6단 계산하기

빈칸에 알맞은 수를 써넣으세요.

①

×		2	4	5
3	3			
6	6			

②

×	4		3	8
6		36		
3		18		

③

×	3	4		8
3			21	
6			42	

④

×	2		7	4
6		30		
3				

⑤

×		6	4	
3	24			
6				12

⑥

×	9		5	
3				3
6		18		

⑦

×				
3		12		27
6	6		18	

⑧

×				
6		36		24
3	15		24	

42

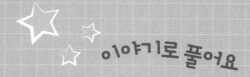

이야기로 풀어요

석이 책상에 누군가가 쪽지를 놓고 갔어요.
"곱셈구구의 천재를 찾습니다.
3단과 6단에 없는 숫자를 찾아 ◯표 해 주세요.
찾는 분께 선물을 드리겠습니다."

3단

3, 16, 21, 9,
15, 19, 22, 12

6단

54, 30, 35, 36,
23, 18, 12, 32

선물 받아야지!
룰루~ 한 번 찾아볼까!
친구들아, 같이 찾아보자.

석아, 선물은
내 사랑이야.

03. 순식간에 사라진 초콜릿 한 봉지

오늘이야말로…

애봉아!

내가 대결에서 이길 차례!

우리 구구단으로
게임 할래?

2, 3, 5, 6단
문제 내고 맞히기!

좋아! 재미있게
초콜릿도 걸고 하자!

그래! 맞히면
가져가기!

초콜릿은
내 차지!

그럼 나부터
문제 낼게! 3×6은?

??????

갑자기 이렇게
어려운 걸 내다니…

3×1=3, 3×2=6,
3×3=9…

답 말할 때까지
내가 초콜릿 먹는다?

알았다!
답은 18이야!
이제 내 차례지?

6×3은?

나도
너 말할 때까지
초콜릿 먹을…

답은 18

헉!?

왜 이렇게
빨라!?

무시무시한 스피드

44

저는 그날 초콜릿 한 봉지가

순식간에 사라지는 마술을 보았습니다.

마음의
꿀팁

곱셈구구를 외우기 전에 원리를 이해해야 해.
원리를 이해하지 않고 곱셈구구를 외우기만 하면 곱셈구구 응용문제를 풀 때
어려울 수 있어. 곱셈구구와 관련된 다양한 문제를 풀면서 원리를 생각해 봐.

같은 수만큼 뛰어 세기

2단, 3단, 5단, 6단 곱셈구구표를 채워 봐!
또 얼마씩 커지는지 적어 보자.
곱셈구구는 원리를 이해한 후 외워야 해.

💬 빈칸에 알맞은 수를 써넣으세요.

①
×	1	2	3	4	5	6	7	8	9
2	2	4							

2 □ □ □ □ □ □ □

2단 곱셈구구에서는 곱이 □ 씩 커집니다.

②
×	1	2	3	4	5	6	7	8	9
3									

3 □ □ □ □ □ □ □

3단 곱셈구구에서는 곱이 □ 씩 커집니다.

③
×	1	2	3	4	5	6	7	8	9
5									

5 □ □ □ □ □ □ □

5단 곱셈구구에서는 곱이 □ 씩 커집니다.

④
×	1	2	3	4	5	6	7	8	9
6									

6 □ □ □ □ □ □ □

6단 곱셈구구에서는 곱이 □ 씩 커집니다.

같은 수만큼 뛰어 세기

💬 빈칸에 알맞은 수를 써넣으세요.

①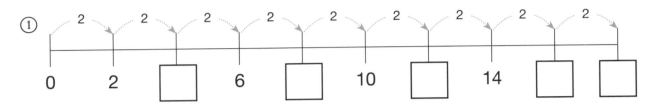

0 2 □ 6 □ 10 □ 14 □ □

②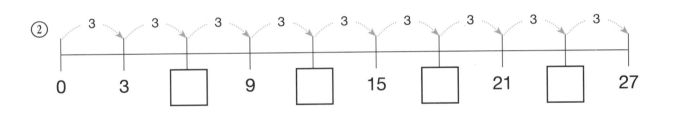

0 3 □ 9 □ 15 □ 21 □ 27

③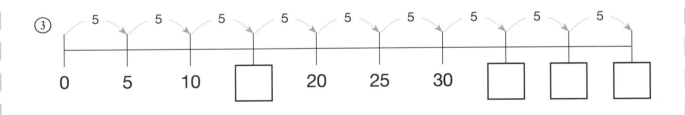

0 5 10 □ 20 25 30 □ □ □

④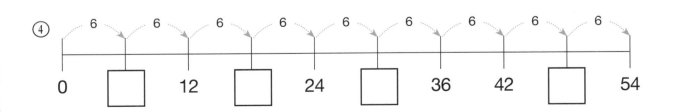

0 □ 12 □ 24 □ 36 42 □ 54

2 DAY
A

배의 개념 이용해서 계산하기

곱셈을 계산할 때 주어진 곱셈식의 의미를 파악해야 해.
3×6은 3의 6배라는 뜻이야.
또 3을 6번 더하라는 뜻이기도 하지!

💬 곱셈을 계산하세요.

① 3 × 6 = ☐   ② 6 × 3 = ☐   ③ 2 × 9 = ☐

④ 5 × 2 = ☐   ⑤ 2 × 5 = ☐   ⑥ 6 × 6 = ☐

⑦ 2 × 6 = ☐   ⑧ 5 × 4 = ☐   ⑨ 6 × 4 = ☐

⑩ 5 × 9 = ☐   ⑪ 3 × 7 = ☐   ⑫ 2 × 7 = ☐

⑬ 5 × 8 = ☐   ⑭ 2 × 8 = ☐   ⑮ 6 × 8 = ☐

⑯ 3 × 9 = ☐   ⑰ 2 × 4 = ☐   ⑱ 6 × 2 = ☐

🗨 곱셈을 계산하세요.

① 2 × 5 = ☐

② 3 × 4 = ☐

③ 5 × 9 = ☐

④ 6 × 2 = ☐

⑤ 3 × 5 = ☐

⑥ 5 × 6 = ☐

⑦ 2 × 7 = ☐

⑧ 6 × 3 = ☐

⑨ 5 × 4 = ☐

⑩ 2 × 9 = ☐

⑪ 3 × 7 = ☐

⑫ 6 × 9 = ☐

⑬ 6 × 7 = ☐

⑭ 2 × 4 = ☐

⑮ 5 × 7 = ☐

⑯ 5 × 5 = ☐

⑰ 2 × 8 = ☐

⑱ 6 × 8 = ☐

배의 개념과
같은 수만큼 뛰어 세기

곱셈구구표를 보고 곱하는 수가 1씩 커질 때
곱한 값이 어떻게 바뀌는지 알아야 해! 외우는 것도
중요하지만 규칙을 발견하는 것도 매우 중요해.

💬 빈칸에 알맞은 수를 써넣으세요.

예시

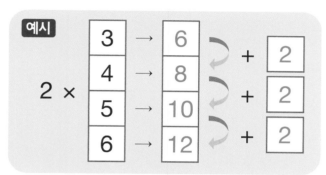

$2 \times$
3	→	6
4	→	8
5	→	10
6	→	12

+ 2
+ 2
+ 2

① $3 \times$
1	→	
2	→	
3	→	
4	→	

+
+
+

② $5 \times$
2	→	
3	→	
4	→	
5	→	

+
+
+

③ $6 \times$
5	→	
6	→	
7	→	
8	→	

+
+
+

④ $2 \times$
6	→	
7	→	
8	→	
9	→	

+
+
+

⑤ $3 \times$
5	→	
6	→	
7	→	
8	→	

+
+
+

⑥ $5 \times$
6	→	
7	→	
8	→	
9	→	

+
+
+

⑦ $6 \times$
1	→	
2	→	
3	→	
4	→	

+
+
+

배의 개념과
같은 수만큼 뛰어 세기

💬 빈칸에 알맞은 수를 써넣으세요.

①

$3 \times$
6	→	
7	→	
8	→	
9	→	

$+$ ☐
$+$ ☐
$+$ ☐

②

$5 \times$
1	→	
2	→	
3	→	
4	→	

$+$ ☐
$+$ ☐
$+$ ☐

③

$2 \times$
5	→	
6	→	
7	→	
8	→	

$+$ ☐
$+$ ☐
$+$ ☐

④

$6 \times$
2	→	
3	→	
4	→	
5	→	

$+$ ☐
$+$ ☐
$+$ ☐

⑤

$3 \times$
2	→	
3	→	
4	→	
5	→	

$+$ ☐
$+$ ☐
$+$ ☐

⑥

$5 \times$
5	→	
6	→	
7	→	
8	→	

$+$ ☐
$+$ ☐
$+$ ☐

⑦

$2 \times$
1	→	
2	→	
3	→	
4	→	

$+$ ☐
$+$ ☐
$+$ ☐

⑧

$6 \times$
6	→	
7	→	
8	→	
9	→	

$+$ ☐
$+$ ☐
$+$ ☐

수 카드를 한 번씩만 사용하여 빈칸에 알맞은 수를 써넣으세요.

예시

| 3 | 1 | 5 |

$5 \times \boxed{3} = \boxed{1}\ \boxed{5}$

① | 4 | 4 | 2 |

$6 \times \boxed{} = \boxed{}\ \boxed{}$

② | 9 | 7 | 2 |

$3 \times \boxed{} = \boxed{}\ \boxed{}$

③ | 8 | 3 | 1 |

$6 \times \boxed{} = \boxed{}\ \boxed{}$

④ | 0 | 1 | 5 |

$2 \times \boxed{} = \boxed{}\ \boxed{}$

⑤ | 6 | 0 | 3 |

$5 \times \boxed{} = \boxed{}\ \boxed{}$

⑥ | 1 | 6 | 8 |

$3 \times \boxed{} = \boxed{}\ \boxed{}$

⑦ | 8 | 6 | 1 |

$2 \times \boxed{} = \boxed{}\ \boxed{}$

수 카드를 이용해서 곱셈식 완성하기

🗨 수 카드를 한 번씩만 사용하여 빈칸에 알맞은 수를 써넣으세요.

①

9　8　1

2 × ☐ = ☐ ☐

②

8　8　4

6 × ☐ = ☐ ☐

③

2　4　8

3 × ☐ = ☐ ☐

④

3　6　0

5 × ☐ = ☐ ☐

⑤

7　2　4

6 × ☐ = ☐ ☐

⑥

1　7　4

2 × ☐ = ☐ ☐

⑦

0　5　3

6 × ☐ = ☐ ☐

⑧

5　5　1

3 × ☐ = ☐ ☐

곱셈의 원리를 이용해서 계산하기

2×5=10은 '2의 5배는 10이다.'라는 뜻이야.
예를 들어 사과가 2개씩 5묶음이 있으면
사과가 모두 10개가 된다는 거지.

💬 빈칸에 알맞은 수를 각각 쓰고, 두 수의 합을 구하세요.

예시

$2 \times \boxed{5} = 10$

$\boxed{2} \times 6 = 12$

합 : 7

① $6 \times \boxed{} = 24$

$\boxed{} \times 9 = 27$

합 :

② $6 \times \boxed{} = 30$

$\boxed{} \times 9 = 18$

합 :

③ $6 \times \boxed{} = 36$

$\boxed{} \times 5 = 25$

합 :

④ $3 \times \boxed{} = 15$

$\boxed{} \times 4 = 12$

합 :

⑤ $5 \times \boxed{} = 10$

$\boxed{} \times 1 = 6$

합 :

⑥ $2 \times \boxed{} = 12$

$\boxed{} \times 7 = 35$

합 :

⑦ $6 \times \boxed{} = 54$

$\boxed{} \times 3 = 6$

합 :

⑧ $3 \times \boxed{} = 3$

$\boxed{} \times 4 = 20$

합 :

⑨ $5 \times \boxed{} = 45$

$\boxed{} \times 7 = 42$

합 :

⑩ $2 \times \boxed{} = 6$

$\boxed{} \times 8 = 48$

합 :

⑪ $6 \times \boxed{} = 18$

$\boxed{} \times 8 = 24$

합 :

곱셈의 원리를 이용해서
계산하기

빈칸에 들어갈 수 있는 수 중에서 가장 큰 수는 얼마일까요?

□ 안에는
1, 2, 3, 4, 5, 6, 7이
들어갈 수 있어.
그중 가장 큰 숫자는
7이야.

예시 $3 \times \boxed{7} < 22$

① $6 \times \boxed{} < 35$

② $3 \times \boxed{} < 27$

③ $5 \times \boxed{} < 50$

④ $2 \times \boxed{} < 7$

⑤ $3 \times \boxed{} < 8$

⑥ $6 \times \boxed{} < 53$

⑦ $3 \times \boxed{} < 16$

⑧ $6 \times \boxed{} < 13$

⑨ $2 \times \boxed{} < 17$

⑩ $3 \times \boxed{} < 6 \times 4$

⑪ $2 \times \boxed{} < 5 \times 3$

⑫ $6 \times \boxed{} < 3 \times 9$

⑬ $2 \times \boxed{} < 6 \times 2$

⑭ $5 \times \boxed{} < 2 \times 8$

⑮ $3 \times \boxed{} < 5 \times 4$

⑯ $2 \times \boxed{} < 3 \times 5$

⑰ $5 \times \boxed{} < 6 \times 6$

⑱ $6 \times \boxed{} < 2 \times 9$

애봉이가 푼 방법을 활용해서 **3단**과 **6단**을 풀어 보세요.

㉠ 그림 그리기   ㉡ 같은 수 더하기 $2 + 2 + 2 + 2 = 8$

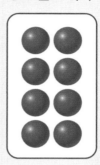

㉢ 곱셈식 세우기 $2 × 4 = 8$

㉣ 뛰어 세기

0 1 2 3 4 5 6 7 8

다양한 방법으로
곱셈구구를 공부하겠어!

① ㉠과 ㉢, ㉣을 이용해서 풀어 보세요

㉢ $3 × \boxed{} = 12$

㉠

㉣
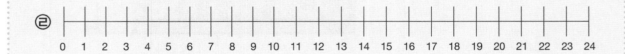
0 1 2 3 4 5 6 7 8 9 10 11 12 13 14 15 16 17 18 19 20 21 22 23 24

② ㉡과 ㉣을 이용해서 풀어 보세요

㉡ $6 × 4 = $ ____ + ____ + ____ + ____ = ____

㉣
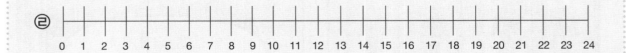
0 1 2 3 4 5 6 7 8 9 10 11 12 13 14 15 16 17 18 19 20 21 22 23 24

04. 게으름 대폭발

게으름 대폭발

그렇게 마트에 갔더니

새로운 장난감이 보였다.

??????

4개씩 묶여 있네??

어쩌지?

4씩 4번 더하는
방법이 있구나.

석아 별 거 아냐!
4개씩 세면 되지!

씨익

4의 4배는
4×4라고 써. 그리고
4개씩 묶은 걸
세어 보면…

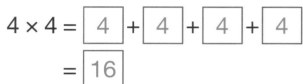

$$4 \times 4 = \boxed{4} + \boxed{4} + \boxed{4} + \boxed{4}$$
$$= \boxed{16}$$

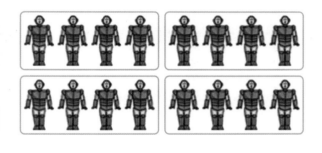

16이네!

깨달음

그렇지!
4×4=16이야!

그럼 4×5는
몇일까?

4단	
4 × 1 =	4
4 × 2 =	8
4 × 3 =	12
4 × 4 =	16
4 × 5 =	20
4 × 6 =	24
4 × 7 =	28
4 × 8 =	32
4 × 9 =	36

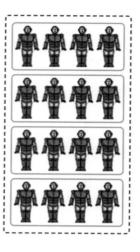

4×5는 4의 5배니까…

4×4보다 4개를 더 세면 돼!

이글 이글

$4 \times 4 = 16$

$+ 4 \rightarrow 4 \times 5 = 20$

상상치도 못한 발견

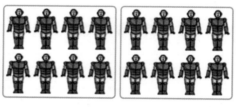

!? 잠깐, 형…!

혹시 이거… 8개씩 묶을 수도 있는 거 아냐!?

8단	
8 × 1 =	8
8 × 2 =	16
8 × 3 =	24
8 × 4 =	32
8 × 5 =	40
8 × 6 =	48
8 × 7 =	56
8 × 8 =	64
8 × 9 =	72

8 × 2

8 × 3

내 동생이 진화했어…!

맞아…! 그럼 2묶음 나오니까

8×2=16 인 거지…!

그럼 8×3은 8×2에 8을 더하면 되겠네!

소 름

60

다녀왔습니다!

그래 잘 다녀왔니?

나갔다 오길 잘했다!

내일 애봉이한테 로봇 자랑해야지!

근데 너희…

심부름에서 사 오기로 한 건 어쨌니…?

아 차

마음의 꿀팁

❶번과 ❷번을 보면 구슬이 4개씩 있지? 4X2=8을 이 구슬처럼 나타낼 수 있어.

이제 ❶번 구슬 4개를 ❷번 줄로 보내면 한 줄에 8개의 구슬이 있어.

❸번 줄을 보면 구슬을 8X1=8로 나타낼 수 있겠지?

2X4=8을 나타내려면 어떻게 구슬을 그리면 될까? 한 번 생각해 봐.

❶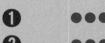

❷

↓

❸

4개씩 묶어서 생각하기

그림을 보고 도너츠가 몇 개인지 세어 봐!

그리고 상자가 한 개씩 늘어날 때마다 도너츠가

몇 개가 되는지 생각하고 4단을 완성해 봐.

 상자 한 개에는 도너츠가 4개씩 있습니다. 도너츠가 모두 몇 개인지 곱셈식으로 나타내어 보세요.

$4 \times \boxed{} = \boxed{}$

$4 \times \boxed{} = \boxed{}$

$4 \times \boxed{} = \boxed{}$

$4 \times \boxed{} = \boxed{}$

$4 \times \boxed{} = \boxed{}$

$4 \times \boxed{} = \boxed{}$

$4 \times \boxed{} = \boxed{}$

$4 \times \boxed{} = \boxed{}$

$4 \times \boxed{} = \boxed{}$

4단 공부하기

4단 곱셈구구를 완성하고 4단 곱셈구구의 알맞은 값을 찾아 길을 따라가 보세요.

4 × 1 = ☐	
4 × 2 = ☐	
4 × ☐ = 12	
4 × 4 = ☐	
4 × 5 = 20	
4 × ☐ = 24	
4 × 7 = ☐	
4 × ☐ = 32	
4 × 9 = ☐	

4×2　6　8　34　36
4×3　4×9
12　14　32　36
4×4　4×8
16　18　26　28
4×5　4×7
25　24
20　4×6　25

8개씩 묶어서 생각하기

그림을 보고 사탕이 모두 몇 개인지 세어 봐!
그리고 상자가 한 개씩 늘어날 때마다
사탕이 몇 개가 되는지 생각하고 8단을 완성해 봐.

💬 상자 한 개에 사탕이 8개씩 들어 있습니다. 사탕이 모두 몇 개인지 곱셈식으로 나타내어 보세요.

$8 \times \boxed{} = \boxed{}$

$8 \times \boxed{} = \boxed{}$

$8 \times \boxed{} = \boxed{}$

$8 \times \boxed{} = \boxed{}$

$8 \times \boxed{} = \boxed{}$

$8 \times \boxed{} = \boxed{}$

$8 \times \boxed{} = \boxed{}$

$8 \times \boxed{} = \boxed{}$

$8 \times \boxed{} = \boxed{}$

2 DAY B

8단 공부하기

8단 곱셈구구를 완성하고 8단 곱셈구구의 알맞은 값을 찾아 길을 따라가 보세요.

8 × 1 = ☐

8 × 2 = ☐

8 × ☐ = 24

8 × 4 = ☐

8 × 5 = ☐

8 × ☐ = 48

8 × 7 = ☐

8 × ☐ = 64

8 × 9 = ☐

8×2

14 16

70 72

8×3

8×9

22 24

64 68

8×4

8×8

32 36

54 56

8×5

8×7

45 44

40 8×6 48

66

수직선으로 4단 알아보기

수직선에 적힌 숫자가 한 칸씩 뛰어 세기 할 때마다 몇씩 커지는지 알아야 해.

💬 빈칸에 들어갈 알맞은 수를 쓰고, 석이가 도착한 곳을 곱셈식으로 나타내세요.

예시

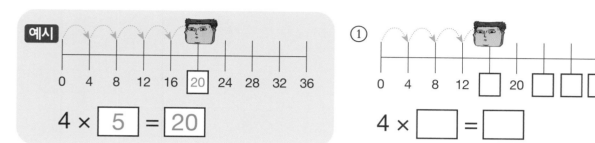

0 4 8 12 16 [20] 24 28 32 36

$$4 \times \boxed{5} = \boxed{20}$$

①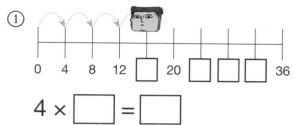

0 4 8 12 □ 20 □ □ 36

$$4 \times \boxed{} = \boxed{}$$

②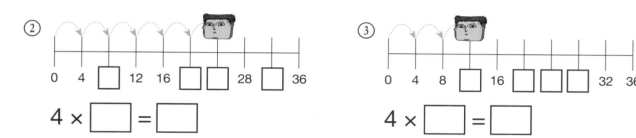

0 4 □ 12 16 □ □ 28 □ 36

$$4 \times \boxed{} = \boxed{}$$

③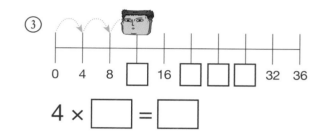

0 4 8 □ 16 □ □ □ 32 36

$$4 \times \boxed{} = \boxed{}$$

④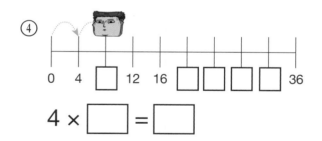

0 4 □ 12 16 □ □ □ 36

$$4 \times \boxed{} = \boxed{}$$

⑤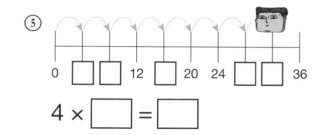

0 □ □ 12 □ 20 24 □ □ 36

$$4 \times \boxed{} = \boxed{}$$

⑥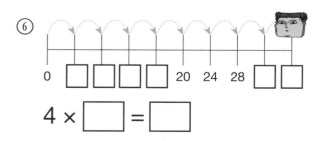

0 □ □ □ □ 20 24 28 □ □

$$4 \times \boxed{} = \boxed{}$$

⑦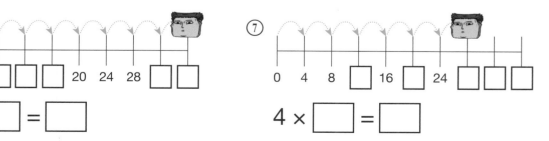

0 4 8 □ 16 □ 24 □ □ □

$$4 \times \boxed{} = \boxed{}$$

수직선으로 8단 알아보기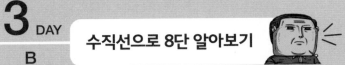

빈칸에 들어갈 알맞은 수를 쓰고, 석이가 도착한 곳을 곱셈식으로 나타내세요.

①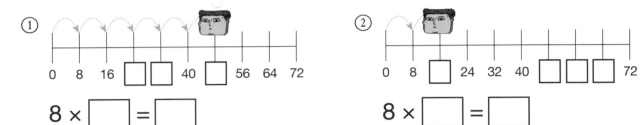

0 8 16 □ □ 40 □ 56 64 72

8 × □ = □

②

0 8 □ 24 32 40 □ □ □ 72

8 × □ = □

③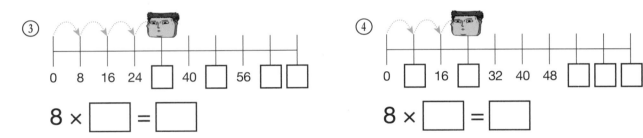

0 8 16 24 □ 40 □ 56 □ □

8 × □ = □

④

0 □ 16 □ 32 40 48 □ □ □

8 × □ = □

⑤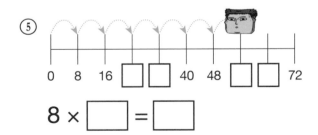

0 8 16 □ □ 40 48 □ □ 72

8 × □ = □

⑥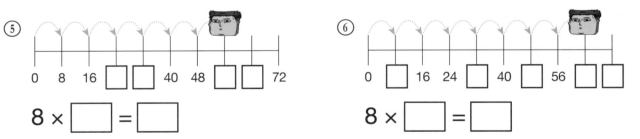

0 □ 16 24 □ 40 □ 56 □ □

8 × □ = □

⑦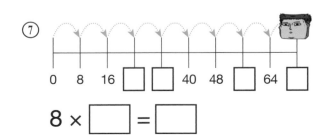

0 8 16 □ □ 40 48 □ 64 □

8 × □ = □

⑧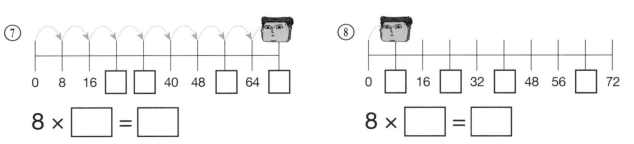

0 □ 16 □ 32 □ 48 56 □ 72

8 × □ = □

4단 계산하기

이제까지 공부한 4단을 큰 목소리로 외워 봐!
자신 있게 외워서 계산하자.

💬 빈칸에 알맞은 수를 써넣으세요.

예시 ×6 4 → 24

① ×8 4 → ☐

② × 4 → 12

③ × 4 → 28

④ ×9 4 → ☐

⑤ × 4 → 8

⑥ × 4 → 36

⑦ ×4 4 → ☐

⑧ ×5 4 → ☐

⑨ × 4 → 4

⑩ × 4 → 32

⑪ ×7 4 → ☐

8단 계산하기

🔵 빈칸에 알맞은 수를 써넣으세요.

① ×3 : 8 → ☐

② ×8 : 8 → ☐

③ × : 8 → 16

④ × : 8 → 56

⑤ ×5 : 8 → ☐

⑥ × : 8 → 48

⑦ × : 8 → 32

⑧ ×2 : 8 → ☐

⑨ ×7 : 8 → ☐

⑩ × : 8 → 40

⑪ × : 8 → 8

⑫ ×9 : 8 → ☐

4단과 8단 계산하기

4단과 8단을 외우는 것도 중요하지만, 배의 개념을 이해하는 게 더 중요해. 4×5=20을 보고 '4의 5배는 20이다.' '4씩 5묶음은 20이다.'라고 생각해 보자.

💬 빈칸에 알맞은 수를 써넣으세요.

①
×	1	3	5	7
4	4		20	
8			40	

②
×	2	4	6	8
8				
4				

③
×	3	7	9	6
4				
8				

④
×	8	7	6	5
8				
4				

⑤
×	2	5	3	8
4				
8				

⑥
×	9	4	3	7
8				
4				

⑦
×	6	7	2	1
4				
8				

⑧
×	2	5	3	9
8				
4				

4단과 8단 계산하기

빈칸에 알맞은 수를 써넣으세요.

①

×	1		4	6
4		8		
8				

②

×	3		7	9
8		32		
4		16		

③

×	3		9	5
4		24		
8		48		

④

×	1	5	6	
8		40		
4				32

⑤

×	8	3	7	
4			28	
8				16

⑥

×		6		2
8	72			
4			12	

⑦

×				
4	4			16
8		40	72	

⑧

×				
8	16		48	64
4		16		

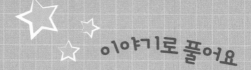
석이가 벽화 그리기 봉사활동을 가려고 그림 도구를 정리하고 있습니다.
석이가 챙긴 물감의 개수를 4단과 8단 곱셈식을 써서
모두 몇 개인지 빈칸에 써 주세요.

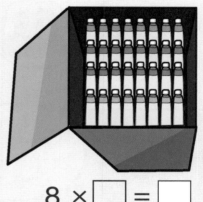

$$8 \times \boxed{} = \boxed{}$$

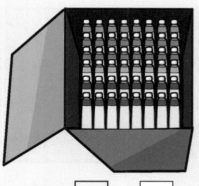

$$8 \times \boxed{} = \boxed{}$$

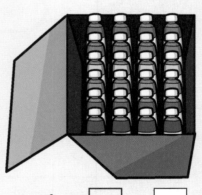

$$4 \times \boxed{} = \boxed{}$$

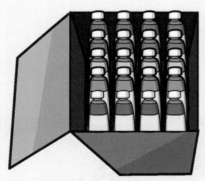

$$4 \times \boxed{} = \boxed{}$$

내 그림 솜씨를 한 번
발휘해 볼까?
다들 깜짝 놀랄 준비하라고!

05. 답은 0이다

사과를 사는 쉬운 심부름을 갔는데

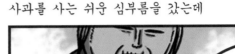

할아버지, 사과
두 봉지 사면 사과가 모두
몇 개예요?

사과 말이냐?
한 봉지에 7개다만…

사실 전혀 쉽지 않았다.

두 봉지에
사과가 모두
몇 개인지 맞혀야
사과를 주지.

대체 왜?

장사할 마음이
없으신 건가.

이런 곳에서
질 수 없지…

한 봉지에 7개가
있다는 건…

두 봉지에
7의 2배… 즉
7×2개 있네요.

덧셈으로 구하면 7+7=14,
총 14개입니다!

7단
곱셈구구를 하다니,
제법이구나…

난이도 레벨 업

하지만 내가 너에게
한 봉지를 더 준다면
사과가 모두 몇 개일까?

그렇게 많이는
필요 없는데.

$9 \times 1 = 9$	
$9 \times 2 = 18$	
$9 \times 3 = 27$	
$9 \times 4 = 36$	
$9 \times 5 = 45$	
$9 \times 6 = 54$	
$9 \times 7 = 63$	
$9 \times 8 = 72$	
$9 \times 9 = 81$	

×	1	2	3	4	5	6	7	8	9
1	1	2	3	4	5	6	7	8	9

그렇게 사과를 빼앗기고

내 사과도 0이 되었습니다.

마음의 꿀팁

곱셈구구를 차근차근 외워도 종종 기억이 안 날 때가 있어.
그럴 때는 곱셈구구의 의미를 파악해야 해.
배의 개념, 같은 수를 더하는 개념, 그림으로 배열해서 푸는 개념 등을 이용해서
기억이 안 날 때 이용하는 건 어떨까?
외우는 것도 중요하지만 원리를 이해하고 활용하는 게 더 중요하거든.

1 DAY
A

7개씩 묶어서 생각하기

그림을 보고 한 쟁반에 사과가 몇 개 있는지 세어 봐!
그리고 쟁반이 하나씩 늘어날 때마다 사과가
몇 개가 되는지 생각하고 1단과 7단을 완성해 봐.

💬 사과가 모두 몇 개인지 곱셈식으로 나타내 보세요.

 $7 \times \boxed{} = \boxed{}$

 $7 \times \boxed{} = \boxed{}$

 $7 \times \boxed{} = \boxed{}$

 $7 \times \boxed{} = \boxed{}$

 $7 \times \boxed{} = \boxed{}$

 $7 \times \boxed{} = \boxed{}$

 $7 \times \boxed{} = \boxed{}$

 $7 \times \boxed{} = \boxed{}$

$7 \times \boxed{} = \boxed{}$

 $1 \times \boxed{} = \boxed{}$

$1 \times \boxed{} = \boxed{}$

 $1 \times \boxed{} = \boxed{}$

$1 \times \boxed{} = \boxed{}$

9개씩 묶어서 생각하기

조개가 모두 몇 개인지 곱셈식으로 나타내 보세요.

  9 × ☐ = ☐

  9 × ☐ = ☐

 9 × ☐ = ☐

 9 × ☐ = ☐

 9 × ☐ = ☐

 9 × ☐ = ☐

 9 × ☐ = ☐

 9 × ☐ = ☐

 9 × ☐ = ☐

0 × ☐ = ☐

0 × ☐ = ☐

0 × ☐ = ☐

 0 × ☐ = ☐

7단과 1단 계산하기

7단 곱셈구구에서 곱하는 수가 1씩 커지면
곱셈 결과는 7씩 커지고, 1단은 1씩 커져.
7단과 1단을 큰 목소리로 외워 봐!

 7단과 1단 곱셈구구를 완성해 보세요.

7 × 1 = ☐	1 × 1 = ☐
7 × 2 = ☐	1 × 2 = ☐
7 × ☐ = 21	1 × ☐ = 3
7 × 4 = ☐	1 × ☐ = 4
7 × ☐ = 35	1 × 5 = ☐
7 × 6 = ☐	1 × ☐ = 6
7 × 7 = ☐	1 × 7 = ☐
7 × ☐ = 56	1 × ☐ = 8
7 × ☐ = 63	1 × 9 = ☐

9단과 0단 계산하기

● 9단과 0단 곱셈구구를 완성해 보세요.

9 × 1 = ☐	0 × 1 = ☐
9 × ☐ = 18	0 × 2 = ☐
9 × 3 = ☐	0 × 3 = ☐
9 × ☐ = 36	0 × 4 = ☐
9 × ☐ = 45	0 × 5 = ☐
9 × 6 = ☐	0 × 6 = ☐
9 × 7 = ☐	0 × 7 = ☐
9 × 8 = ☐	0 × 8 = ☐
9 × 9 = ☐	0 × 9 = ☐

수직선으로 1단과 7단 익히기

수직선에 적힌 숫자를 한 칸씩 뛰어 세기 할 때마다 몇씩 커지는지 알아야 해.

빈칸에 들어갈 알맞은 수를 쓰고, 석이가 도착한 곳을 곱셈식으로 나타내세요.

예시

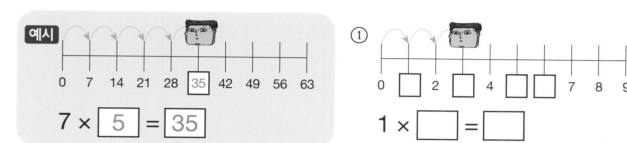

$$7 \times \boxed{5} = \boxed{35}$$

①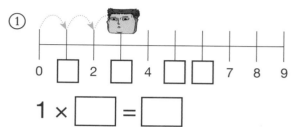

$$1 \times \boxed{} = \boxed{}$$

②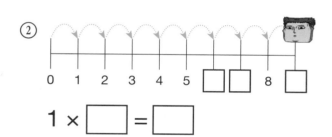

$$1 \times \boxed{} = \boxed{}$$

③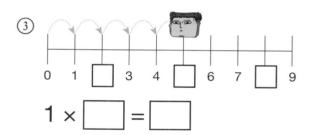

$$1 \times \boxed{} = \boxed{}$$

④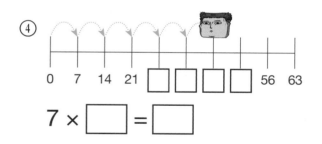

$$7 \times \boxed{} = \boxed{}$$

⑤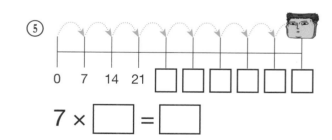

$$7 \times \boxed{} = \boxed{}$$

⑥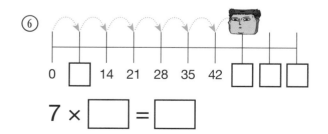

$$7 \times \boxed{} = \boxed{}$$

⑦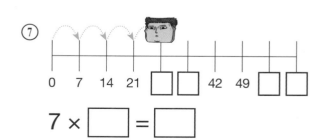

$$7 \times \boxed{} = \boxed{}$$

수직선으로 1단과 9단 익히기

빈칸에 들어갈 알맞은 수를 쓰고, 석이가 도착한 곳을 곱셈식으로 나타내세요.

①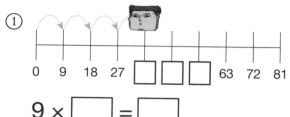

0 9 18 27 ☐ ☐ ☐ 63 72 81

$9 \times \boxed{} = \boxed{}$

②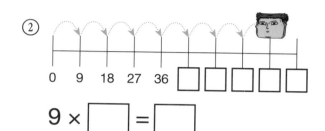

0 9 18 27 36 ☐ ☐ ☐ ☐ ☐

$9 \times \boxed{} = \boxed{}$

③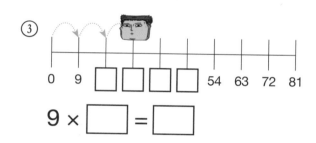

0 9 ☐ ☐ ☐ ☐ 54 63 72 81

$9 \times \boxed{} = \boxed{}$

④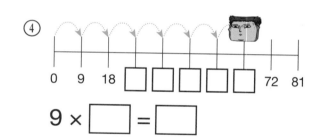

0 9 18 ☐ ☐ ☐ ☐ ☐ 72 81

$9 \times \boxed{} = \boxed{}$

⑤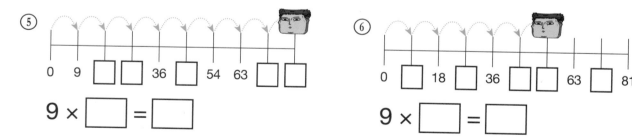

0 9 ☐ ☐ 36 ☐ 54 63 ☐ ☐

$9 \times \boxed{} = \boxed{}$

⑥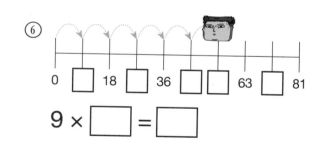

0 ☐ 18 ☐ 36 ☐ ☐ 63 ☐ 81

$9 \times \boxed{} = \boxed{}$

⑦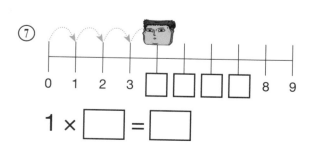

0 1 2 3 ☐ ☐ ☐ ☐ 8 9

$1 \times \boxed{} = \boxed{}$

⑧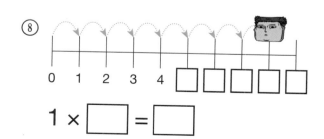

0 1 2 3 4 ☐ ☐ ☐ ☐ ☐

$1 \times \boxed{} = \boxed{}$

곱셈구구의 계산값을 찾아 선으로 이어 보세요.

예시
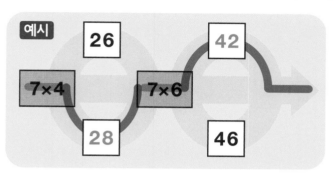

①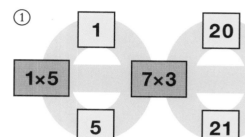

②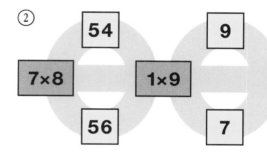

③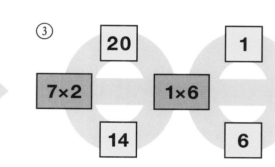

④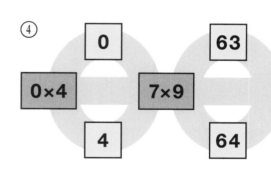

⑤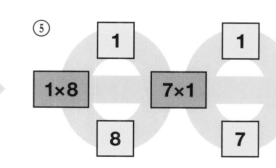

⑥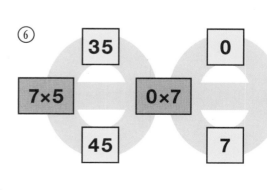

⑦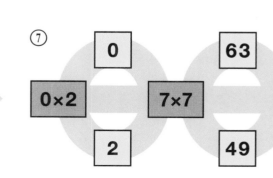

곱셈을 계산하고 길 찾기

곱셈구구의 계산값을 찾아 선으로 이어 보세요.

① 27 | 54 | 9×3 | 9×7 | 36 | 63

② 5 | 18 | 0×5 | 9×2 | 0 | 24

③ 45 | 3 | 9×5 | 1×3 | 40 | 1

④ 54 | 9 | 9×6 | 1×9 | 56 | 1

⑤ 1 | 32 | 1×4 | 9×4 | 4 | 36

⑥ 76 | 9 | 9×8 | 1×2 | 72 | 2

⑦ 0 | 24 | 0×3 | 9×3 | 3 | 27

⑧ 81 | 0 | 9×9 | 0×4 | 82 | 4

곱셈구구를 외우는 것도 중요하지만 배의 의미를
이해하는 게 더 중요해. 7×4=28을 보고 '7의 4배는
28이다.' '7씩 4묶음은 28이다.'라고 생각해 보자.

💬 빈칸에 알맞은 수를 써넣으세요.

①
×	1	2	4	5
7	7		28	
9			36	

②
×	6	5	8	4
1				
7				

③
×	6	8	4	7
9				
0				

④
×	2	3	5	9
0				
7				

⑤
×	5	2	9	3
1				
9				

⑥
×	9	8	7	6
9				
7				

⑦
×	4	5	2	3
9				
7				

⑧
×	1	8	3	7
7				
1				

0단, 1단, 7단, 9단
계산하기

🗨 빈칸에 알맞은 수를 써넣으세요.

①

×	2		6	8
1		4		
9		36		

②

×	1		4	5
0	0			
7		21		

③

×	6	7		9
9			72	
7			56	

④

×	3		9	5
7				
1		6		

⑤

×	9	7		3
9		45		
0				

⑥

×	2	5		
7			63	
9				36

⑦

×				
7	14		21	
1		7		9

⑧

×				
9	0		27	
7		56		49

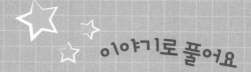

이야기로 풀어요

석이와 애봉이가 동그란 판에 장난감 화살 쏘기를 했습니다.
동그란 판에 적힌 숫자에 찍힌 점의 수를 세어서
점수를 계산하려고 합니다.
석이와 애봉이가 얻은 점수는 각각 얼마인지 쓰고 누가 이겼는지 써 보세요.

애봉이

석이

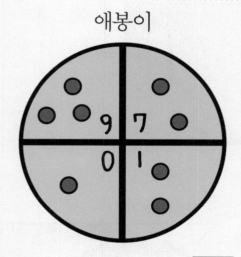

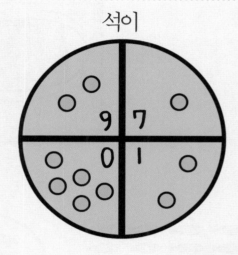

9점 : 3개 ➡ 9 × 3 = 27

7점 : 2개 ➡ 7 × ☐ = ☐

1점 : 2개 ➡ 1 × ☐ = ☐

0점 : 1개 ➡ 0 × ☐ = ☐

애봉이 점수 :

9점 : 2개 ➡ 9 × 2 = ☐

7점 : 1개 ➡ 7 × ☐ = ☐

1점 : 2개 ➡ 1 × ☐ = ☐

0점 : 5개 ➡ 0 × ☐ = ☐

석이 점수 :

승자 :

석이는 0점에 많이 맞혔네. 내가 이겼다!

내가 화살을 더 많이 판에 맞혔으니까 내가 이겼을 거야.

0단, 1단, 4단, 7단, 8단, 9단

06. 구구단은 내 운명

구구단에 심취한 요즘…

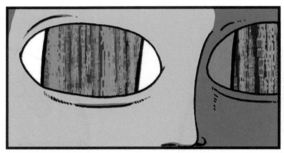

물건들만 봐도 저절로 구구단이 떠오른다.

시장에 가서도…

어휴, 날도 더운데 생선 하나씩 세는 것도 힘드네.

몇 개까지 세었는지 기억도 잘 안 나고…

아저씨, 물고기 모두 32마리 있어요.

!?

아니, 어떻게 그렇게 빨리…?

90

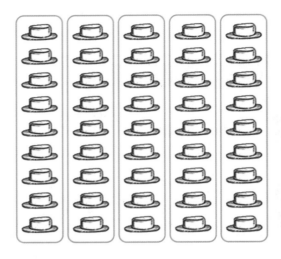

하지만 멈출 수 없지…!

아줌마! 여기 모자가 9개씩 5줄이 있네요!

그럼 9×5=45니까 모자는 모두 45개네요.

어!? 모자 9개 더 추가하셨네요!?

그럼 9×5에서 9가 더 늘어나는 거니까 9×6=54개군요!?

응

안 물어봤어

후… 다들 나에게 고마워하고 있네…

이러다 표창장 같은 거라도 받으면 어쩌지…

응?
이게 무슨
광고지?

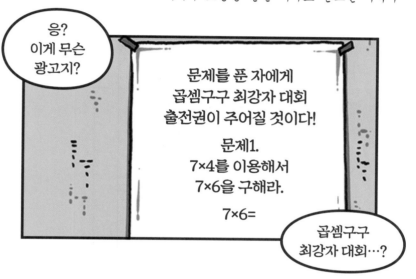

문제를 푼 자에게
곱셈구구 최강자 대회
출전권이 주어질 것이다!

문제1.
7×4를 이용해서
7×6을 구해라.

7×6=

곱셈구구
최강자 대회…?

이건…
나를 위한
대회잖아!?

7×4=28이고
7의 4배… 그런데
7×6은
7의 6배니까…

7×4=28에서
7을 2번 더하면 되겠군!?
그러면
28+14=42가 되지!

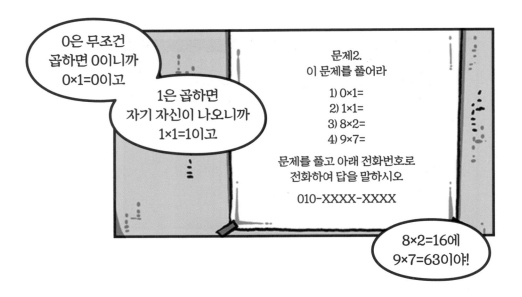

과연 조석의 운명은!?

마음의
꿀팁

석이처럼 곱셈구구가 저절로 떠오르면 얼마나 좋을까?
곱셈구구를 외우기만 하면 안 돼. 석이처럼 생활 속에서 곱셈구구를 적용해야 해.
마트나 시장에 갔을 때 배열된 물건을 보고 곱셈식을 세우고
곱셈구구를 이용해서 계산을 해 봐.
억지로 외우려고 하지 않아도 저절로 곱셈구구가 머릿속에서 떠오를 거야.

같은 수만큼 뛰어 세기

4단, 8단, 7단, 9단의 곱셈구구는 값이 각각
얼마씩 커질까? 빈칸에 수를 써넣으면서
곱셈구구의 원리를 한 번 더 생각해 보자!

💬 빈칸에 알맞은 수를 써넣으세요.

①

×	1	2	3	4	5	6	7	8	9
4									

4 □ □ □ □ □ □ □

4단 곱셈구구에서는 곱이 □ 씩 커집니다.

②

×	1	2	3	4	5	6	7	8	9
8									

8 □ □ □ □ □ □ □

8단 곱셈구구에서는 곱이 □ 씩 커집니다.

③

×	1	2	3	4	5	6	7	8	9
7									

7 □ □ □ □ □ □ □

7단 곱셈구구에서는 곱이 □ 씩 커집니다.

④

×	1	2	3	4	5	6	7	8	9
9									

9 □ □ □ □ □ □ □

9단 곱셈구구에서는 곱이 □ 씩 커집니다.

수직선을 이용해서
같은 수만큼 뛰어 세기

🗨 빈칸에 알맞은 수를 써넣으세요.

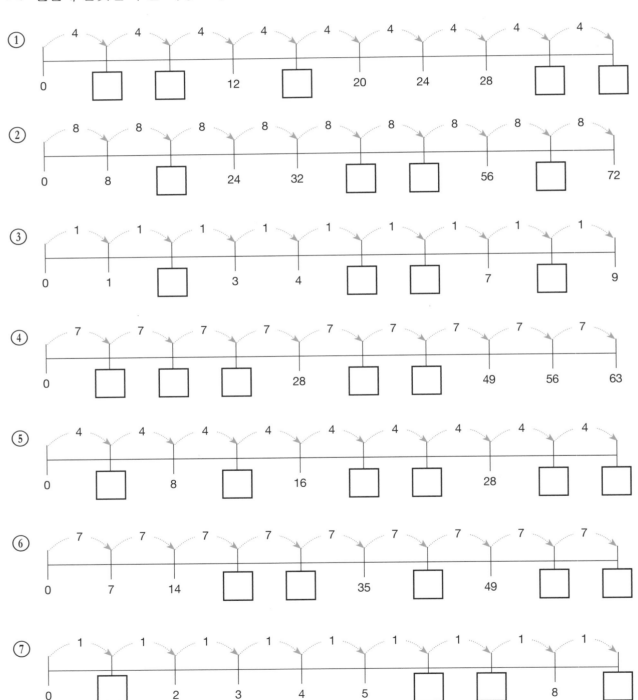

① 0 □ □ 12 □ 20 24 28 □ □
  (4 4 4 4 4 4 4 4 4)

② 0 8 □ 24 32 □ □ 56 □ 72
  (8 8 8 8 8 8 8 8)

③ 0 1 □ 3 4 □ □ 7 □ 9
  (1 1 1 1 1 1 1 1 1)

④ 0 □ □ □ 28 □ □ 49 56 63
  (7 7 7 7 7 7 7 7 7)

⑤ 0 □ 8 □ 16 □ □ 28 □ □
  (4 4 4 4 4 4 4 4 4)

⑥ 0 7 14 □ □ 35 □ 49 □ □
  (7 7 7 7 7 7 7 7 7)

⑦ 0 □ 2 3 4 5 □ □ 8 □
  (1 1 1 1 1 1 1 1 1)

곱셈 계산하기

곱셈을 계산할 때 주어진 곱셈식의 의미를 파악해야 해.

4×3은 4의 3배라는 뜻이야.

또 4를 3번 더하라는 뜻이기도 해!

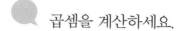 곱셈을 계산하세요.

① 4 × 7 = ☐   ② 8 × 1 = ☐   ③ 0 × 5 = ☐

④ 9 × 3 = ☐   ⑤ 4 × 2 = ☐   ⑥ 5 × 4 = ☐

⑦ 0 × 3 = ☐   ⑧ 1 × 3 = ☐   ⑨ 8 × 6 = ☐

⑩ 4 × 3 = ☐   ⑪ 1 × 8 = ☐   ⑫ 9 × 5 = ☐

⑬ 4 × 8 = ☐   ⑭ 8 × 4 = ☐   ⑮ 1 × 7 = ☐

⑯ 0 × 2 = ☐   ⑰ 7 × 2 = ☐   ⑱ 4 × 9 = ☐

⑲ 8 × 3 = ☐   ⑳ 9 × 7 = ☐   ㉑ 1 × 6 = ☐

㉒ 9 × 2 = ☐   ㉓ 0 × 6 = ☐   ㉔ 1 × 1 = ☐

곱셈 계산하기

 곱셈을 계산하세요.

① 4 × 1 = ☐   ② 8 × 2 = ☐   ③ 0 × 1 = ☐

④ 5 × 3 = ☐   ⑤ 4 × 5 = ☐   ⑥ 9 × 8 = ☐

⑦ 0 × 9 = ☐   ⑧ 7 × 8 = ☐   ⑨ 8 × 9 = ☐

⑩ 4 × 4 = ☐   ⑪ 7 × 4 = ☐   ⑫ 9 × 4 = ☐

⑬ 4 × 6 = ☐   ⑭ 8 × 5 = ☐   ⑮ 1 × 2 = ☐

⑯ 0 × 8 = ☐   ⑰ 7 × 6 = ☐   ⑱ 8 × 8 = ☐

⑲ 8 × 7 = ☐   ⑳ 9 × 9 = ☐   ㉑ 1 × 9 = ☐

㉒ 9 × 6 = ☐   ㉓ 0 × 7 = ☐   ㉔ 7 × 7 = ☐

3 DAY
A

곱셈표 완성하기

표를 보고 몇 단을 떠올려야 할지 생각하고
문제를 해결해야 해.

💬 빈칸에 알맞은 수를 써넣어 곱셈표를 완성하세요.

①

×	1	4	6
4	4		
8		32	
7			42

②

×	4	5	2
7			
9			
1			

③

×	6	9	3
4			
9			
8			

④

×	9	7	8
0			
7			
4			

⑤

×	2	3	8
1			
4			
9			

⑥

×	6	8	9
7			
8			
9			

곱셈표 완성하기

빈칸에 알맞은 수를 써넣어 곱셈표를 완성하세요.

①

×	1	3	6
1	1		
4		12	
7			42

②

×	4	7	9
7			
8			
0			

③

×	3	1	6
0			
1			
9			

④

×	2	4	8
4			
8			
9			

⑤

×	7	5	9
0			
7			
9			

⑥

×	9	7	5
4			
7			
8			

곱셈 원리를 이용해 계산하기

주어진 곱셈식을 해결하기 전에 몇 단을 떠올려야 할지, 몇 배가 되면 될지를 생각해 봐. 기억이 잘 안 날 때는 곱셈구구를 하나씩 머릿속에 떠올려 봐.

💬 빈칸에 알맞은 수를 각각 쓰고, 두 수의 합을 구하세요.

예시
$4 \times \boxed{5} = 20$
$\boxed{7} \times 7 = 49$
합 : 12

① $9 \times \boxed{} = 0$
$\boxed{} \times 8 = 64$
합 :

② $9 \times \boxed{} = 27$
$\boxed{} \times 4 = 32$
합 :

③ $7 \times \boxed{} = 21$
$\boxed{} \times 9 = 36$
합 :

④ $4 \times \boxed{} = 16$
$\boxed{} \times 7 = 56$
합 :

⑤ $9 \times \boxed{} = 45$
$\boxed{} \times 2 = 18$
합 :

⑥ $4 \times \boxed{} = 12$
$\boxed{} \times 8 = 32$
합 :

⑦ $7 \times \boxed{} = 56$
$\boxed{} \times 6 = 24$
합 :

⑧ $9 \times \boxed{} = 63$
$\boxed{} \times 5 = 40$
합 :

⑨ $4 \times \boxed{} = 28$
$\boxed{} \times 5 = 35$
합 :

⑩ $9 \times \boxed{} = 36$
$\boxed{} \times 9 = 72$
합 :

⑪ $5 \times \boxed{} = 40$
$\boxed{} \times 6 = 54$
합 :

빈칸에 들어갈 수 있는 수 중에서 가장 큰 수는 얼마일까요?

예시 $7 \times \boxed{5} < 36$

7×□<36을 풀 때는
7단에서 36과
가장 가까운 값이
얼마인지 찾아야 해.

① $4 \times \boxed{} < 38$

② $9 \times \boxed{} < 30$

③ $9 \times \boxed{} < 25$

④ $7 \times \boxed{} < 50$

⑤ $4 \times \boxed{} < 13$

⑥ $8 \times \boxed{} < 63$

⑦ $7 \times \boxed{} < 58$

⑧ $9 \times \boxed{} < 40$

⑨ $7 \times \boxed{} < 30$

⑩ $9 \times \boxed{} < 46$

⑪ $4 \times \boxed{} < 9 \times 2$

⑫ $7 \times \boxed{} < 7 \times 7$

⑬ $9 \times \boxed{} < 7 \times 8$

⑭ $4 \times \boxed{} < 8 \times 5$

⑮ $7 \times \boxed{} < 4 \times 9$

⑯ $9 \times \boxed{} < 8 \times 2$

⑰ $4 \times \boxed{} < 7 \times 1$

⑱ $4 \times \boxed{} < 5 \times 6$

⑲ $7 \times \boxed{} < 8 \times 8$

곱셈 계산하기

몇 단 곱셈구구인지 파악하고 1부터 9까지 외워 봐!
처음에는 곱셈구구가 어렵지만, 공부하다 보면 어느새
1~9단까지 모두 암기하는 네 모습을 발견할 거야.

💬 빈칸에 알맞은 수를 써넣으세요.

예시

×		
4	7	28
8	3	24
32	21	

①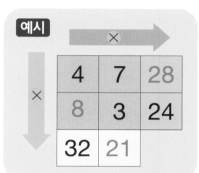

×		
9	4	
81	24	

②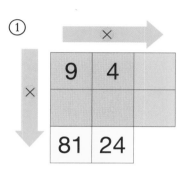

×		
	5	20
	6	48

③

×		
3	6	
		27
27		

④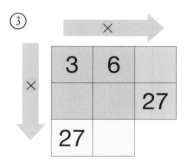

×		
7		49
	5	
21		

⑤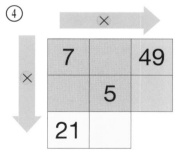

×		
	9	54
	8	
30		

⑥

×		
5		45
	9	
30		

⑦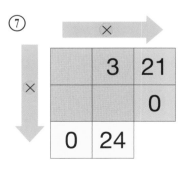

×		
	3	21
		0
0	24	

⑧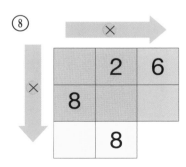

×		
	2	6
8		
	8	

곱셈 계산하기

빈칸에 알맞은 수를 써넣으세요.

① ×→
7	2	
4		24
	12	

②
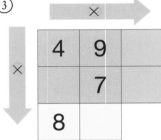
4		20
3	9	

③
4	9	
	7	
8		

④
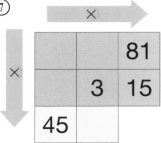
3		15
21	20	

⑤
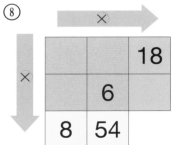
	8	72
	5	
18		

⑥
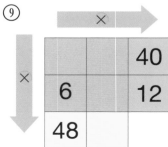
8		16
9		
	12	

⑦
		81
	3	15
45		

⑧
		18
	6	
8	54	

⑨
		40
	6	12
48		

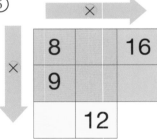

마음의 소리 방송국에서 곱셈구구 최강자를 찾습니다.
아래 수를 이용해서 문제를 풀고 마음의 소리 방송국에 제출해 주세요.
(아래 수 중에서 골라 쓰세요.)

<도전! 곱셈구구 최강자>

10	12	24	32
36	8	81	63
50	24	21	27

● 4단에 속하는 가장 큰 수 : _____

● 9단에 속하는 가장 큰 수 : _____

● 7단과 9단에 똑같이 들어가 있는 수 : _____

● 4단과 8단에 똑같이 들어가 있는 수 중 가장 작은 수 : _____

친구들아, 날 좀 도와줘.
석이보다 내가
더 빨리 풀어야 해.

치킨을
먹고 있을 때가 아니야!
지금 당장 풀어서
대 스타가 되겠어!!

07. 곱셈구구 최강자전 1부

드디어 도착한 대회장…

오오… 여기서 대회가 열리는 건가…!

곱셈구구 최강자를 뽑는 대회에 오신 여러분들을 다시 한 번 환영합니다!

1차전 주제는 바로, 1~9단 외우기 입니다!

3분 내로 틀리지 않고 1단부터 9단까지 외우는 것이 규칙!

에이, 쉽네.

간단하군.

뭐야, 쉽잖아?

아싸!

⁉

이럴 줄 알고 곱셈구구표를 가져왔지!

혀,형…⁉ 저거 아무리 봐도 우리 형 같은데???

빠른 탈락

혀어어어어어엉

왜 그랬어어어어어

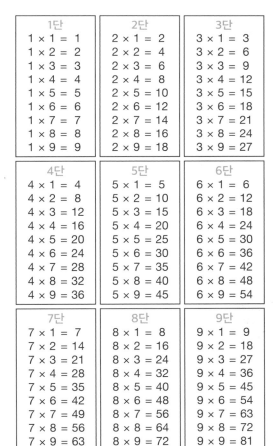

!!????

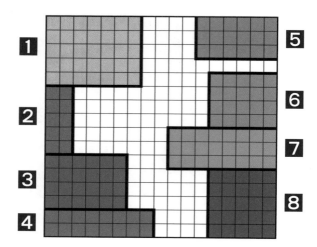

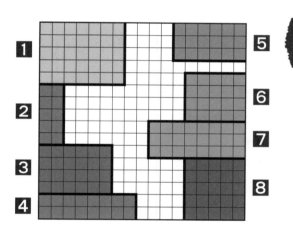

두뇌 풀가동

조석, 3차전 진출!

표 완성하기

빈칸에 알맞은 수를 써넣으세요.

①
×	3	4	5	6
4	12			

②
×	2	4	5	6
1				

③
×	8	6	4	2
8				

④
×	2	4	6	8
2				

⑤
×	4	8	1	3
3				

⑥
×	2	7	8	9
4				

⑦
×	1	3	5	7
5				

⑧
×	1	4	6	8
7				

⑨
×	9	5	3	2
6				

⑩
×	2	3	4	5
9				

⑪
×	3	2	5	7
7				

⑫
×	3	5	7	9
8				

1 DAY
B

표 완성하기

빈칸에 알맞은 수를 써넣으세요.

①
×	1	3	5	7
1				

②
×	3	5	7	9
2				

③
×	4	6	8	9
7				

④
×	2	5	6	9
3				

⑤
×	3	5	2	6
5				

⑥
×	1	3	6	9
6				

⑦
×	4	5	7	8
6				

⑧
×	1	4	7	8
5				

⑨
×	4	6	7	9
9				

⑩
×	9	3	6	1
8				

⑪
×	3	2	4	9
0				

⑫
×	8	5	3	2
9				

112

곱셈 원리 알아보기

그림을 보고 같은 수만큼
가로로도 묶어 보고 세로로도 묶어 봐!
곱하기는 서로 자리를 바꿔서 곱해도 답이 같아.

💬 그림을 보고 빈칸에 알맞은 수를 써넣으세요.

예시
3개씩
6묶음이야.

6개씩
3묶음이야.

$3 \times 6 = \boxed{18}$

$6 \times 3 = \boxed{18}$

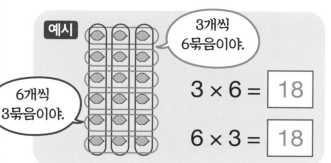

①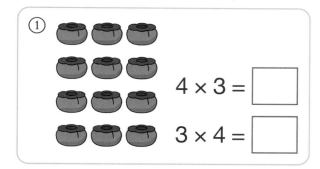

$4 \times 3 = \boxed{}$

$3 \times 4 = \boxed{}$

②

$7 \times 4 = \boxed{}$

$4 \times 7 = \boxed{}$

③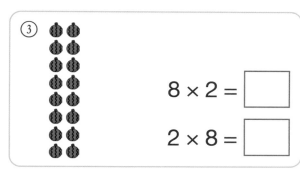

$8 \times 2 = \boxed{}$

$2 \times 8 = \boxed{}$

④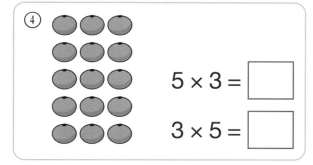

$5 \times 3 = \boxed{}$

$3 \times 5 = \boxed{}$

⑤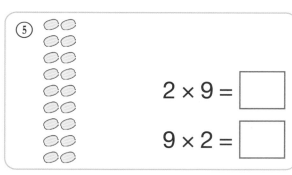

$2 \times 9 = \boxed{}$

$9 \times 2 = \boxed{}$

⑥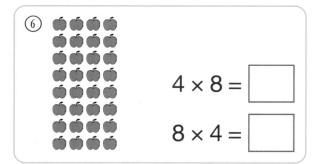

$4 \times 8 = \boxed{}$

$8 \times 4 = \boxed{}$

⑦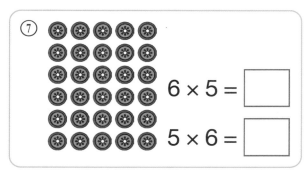

$6 \times 5 = \boxed{}$

$5 \times 6 = \boxed{}$

곱셈 원리 알아보기

💬 그림을 보고 빈칸에 알맞은 수를 써넣으세요.

①
$$4 \times 8 = \boxed{}$$
$$8 \times 4 = \boxed{}$$

②
$$6 \times 4 = \boxed{}$$
$$4 \times 6 = \boxed{}$$

③
$$3 \times 7 = \boxed{}$$
$$7 \times 3 = \boxed{}$$

④
$$8 \times 3 = \boxed{}$$
$$3 \times 8 = \boxed{}$$

⑤
$$5 \times 9 = \boxed{}$$
$$9 \times 5 = \boxed{}$$

⑥
$$1 \times 8 = \boxed{}$$
$$8 \times 1 = \boxed{}$$

⑦
$$6 \times 2 = \boxed{}$$
$$2 \times 6 = \boxed{}$$

⑧
$$5 \times 4 = \boxed{}$$
$$4 \times 5 = \boxed{}$$

곱셈표 완성하기

1단부터 9단까지 외운 내용을 적용하는 문제야!
차분히 문제를 풀어 봐.

💬 곱셈표를 보고 빈칸에 알맞은 수를 써넣으세요.

①

×	1	3	5	7	9
1		3			
3	3		15		27
5	5				
7		21			63
9	9	27			

②

×	2	5	6	7	8
2					16
4		20			
6	12			42	
8			48		
0	0		0		

③

×	4	2	6	5	1
2			12		2
6					
4		8			
3				15	
8			48		

④

×	2	1	8	6	3
5					
6			48		
4		4			
3					9
7				42	

⑤

×	1	3	4	8	9
0					
3				24	
6					
4		12			
8			32		

⑥

×	9	7	6	5	2
1					2
2			12		
5				25	
6					
9	81				

곱셈표 완성하기

💬 곱셈표를 보고 빈칸에 알맞은 수를 써넣으세요.

×	1	2	3	4	5	6	7	8	9
1									
2									
3									
4									
5									
6									
7									
8									
9									

수 카드를 이용해서 곱셈식 완성하기

주어진 곱셈식에 수 카드를 하나씩 넣어 봐.
하나씩 넣어서 곱하면 금방 답을 찾을 수 있어.

 수 카드를 한 번씩만 사용하여 빈칸에 알맞은 수를 써넣으세요.

①   `0` `2` `5`

$4 \times \square = \square\ \square$

②   `7` `3` `2`

$9 \times \square = \square\ \square$

③   `4` `8` `2`

$3 \times \square = \square\ \square$

④   `9` `4` `5`

$6 \times \square = \square\ \square$

⑤   `1` `5` `5`

$3 \times \square = \square\ \square$

⑥   `4` `7` `1`

$2 \times \square = \square\ \square$

⑦   `8` `7` `2`

$4 \times \square = \square\ \square$

⑧   `2` `3` `4`

$8 \times \square = \square\ \square$

수 카드를 이용해서
곱셈식 완성하기

💬 수 카드를 한 번씩만 사용하여 빈칸에 알맞은 수를 써넣으세요.

① 　1　 2　 6

$2 \times \boxed{} = \boxed{}\,\boxed{}$

② 　2　 3　 8

$4 \times \boxed{} = \boxed{}\,\boxed{}$

③ 　5　 3　 7

$5 \times \boxed{} = \boxed{}\,\boxed{}$

④ 　2　 7　 9

$8 \times \boxed{} = \boxed{}\,\boxed{}$

⑤ 　3　 6　 7

$9 \times \boxed{} = \boxed{}\,\boxed{}$

⑥ 　0　 3　 5

$6 \times \boxed{} = \boxed{}\,\boxed{}$

⑦ 　9　 7　 4

$7 \times \boxed{} = \boxed{}\,\boxed{}$

⑧ 　9　 1　 8

$9 \times \boxed{} = \boxed{}\,\boxed{}$

점의 개수를 이용해서 계산하기

가로선과 세로선이 만나서 생기는
점의 개수를 이용해서 곱셈을 계산할 수 있어.
점의 개수와 곱셈이 어떻게 연결되어 있는지 생각해 봐.

가로줄을 긋고 점의 개수를 이용해서 곱셈을 계산해 보세요.

예시

↓ →
2 × 3 = ☐ 6
세로 가로

2
· · ·
· · · 3
· · ·

세로로 2줄,
가로로 3줄을 그리면
점이 6개 생겨서, 점의 개수가
곱셈 결과와 같아.

① 4 × 3 = ☐

② 5 × 7 = ☐

③ 3 × 3 = ☐

④ 6 × 5 = ☐

⑤ 7 × 4 = ☐

⑥ 9 × 2 = ☐

점의 개수를 이용해서
곱셈 계산하기

💬 가로줄을 긋고 점의 개수를 이용해서 곱셈을 계산해 보세요.

① 2 × 4 = ☐

② 4 × 5 = ☐

③ 5 × 3 = ☐

④ 6 × 7 = ☐

⑤ 8 × 4 = ☐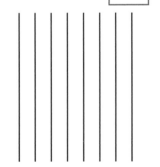

⑥ 9 × 6 = ☐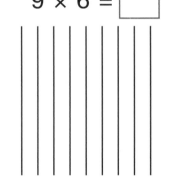

⑦ 7 × 6 = ☐

⑧ 1 × 4 = ☐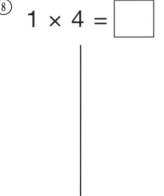

⑨ 8 × 2 = ☐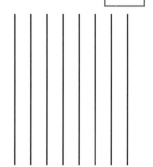

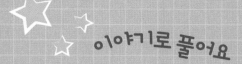

아래 그림과 같이
곱셈구구를 계산하고
값에 맞게 색을 칠하세요.

$3 \times 5 =$ 15

$5 \times 3 =$

$7 \times 3 =$

$5 \times 1 =$

나는 3×5를
노란색으로 칠했어.
어때?

08. 곱셈구구 최강자전 2부

마지막 경기가 시작되고…

자, 오래 기다리셨습니다! 드디어 곱셈구구 최강자전의 결승!

첫 번째 문제를 말씀드리겠습니다!

첫 번째 위기가 다가오는데…!

곱셈은 자리를 바꿔 곱해도 답이 같죠!

!?

지금부터 연결큐브를 이용해서 왜 6×5와 5×6의 답이 같은지 설명하세요!

뭐라고!?

생각보다 어려운데…?

일단 침착하게 연결 큐브를 써 보자…!

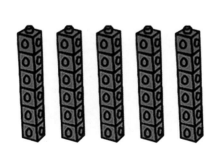

일단 6×5를 만들면, 6개씩 5묶음이니까 이렇게 되겠지!

…응??

눈 감고 풀기

상대편이 연결 큐브를 보지도 않네!?

이게 그렇게 쉬운 문제란 말야!?

아냐… 상대가 어떻게 풀든 상관 없이

자, 5×6도 5개씩 6묶음으로 완성이다!

나만의 길을 가자…!

아앗!? 각각 연결해 보니까 같은 모양이 나온다!?

그래서 5×6이 6×5랑 같은 거구나!?

역시 조석 참가자! 정답입니다~!

그나저나 내 상대는 정말 특이하네…

엇, 이런! 첫 번째는 끝나버렸나…

아까는 왜 눈을 감고 가만히 있던 거지?

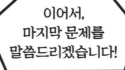
이어서, 마지막 문제를 말씀드리겠습니다!

마지막 문제는, 오늘의 스페셜 게스트인…!

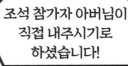
조석 참가자 아버님이 직접 내주시기로 하셨습니다!

뜬금없음

으잉??!??!? 아빠가!?

이번 마지막 문제는 바로…

9단에서 규칙을 찾아 말하는 것입니다.

9단
9 × 1 = 9
9 × 2 = 18
9 × 3 = 27
9 × 4 = 36
9 × 5 = 45
9 × 6 = 54
9 × 7 = 63
9 × 8 = 72
9 × 9 = 81

뭐지… 어떻게 규칙을 발견하라는 거지?

그리고 찾아온 두 번째 위기…

아냐, 잠깐 덧셈을 떠올려 보면…!

9단
9 × 1 = 9
9 × 2 = 18
9 × 3 = 27
9 × 4 = 36
9 × 5 = 45
9 × 6 = 54
9 × 7 = 63
9 × 8 = 72
9 × 9 = 81

9, 18, 27, 36, 45, 54, 63, 72, 81의 십의 자리와 일의 자리를 갈라서 더하면 모두 9가 돼.

예를 들어 18을 1과 8로 갈라서 더하면 1+8=9, 36도 3과 6으로 갈라서 더하면 3+6=9지!

재미있는데?

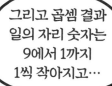

그리고 곱셈 결과 일의 자리 숫자는 9에서 1까지 1씩 작아지고…

곱셈 결과 십의 자리 숫자가 1부터 8까지 1씩 커지죠!

조석 참가자, 훌륭합니다~!

1씩 커짐

9 18 27 36 45 54 63 72 81

1씩 작아짐

이번 우승은 조석 참가자이며,

!!!??!?

준우승은 홍길동 참가자인데요!

아니, 저 아저씨…! 또 저러고 있잖아!?

음… 홍길동 참가자는…

아무래도 잠이 들어 버린 것 같습니다…

네????

뭐지…? 나만 열심히 한 이 찝찝한 기분은…?

생각해 보니 이 대회, 처음부터 뭔가 이상했어…!!

수학을 잘하는데 이상하게 빨리 탈락한 형…

그리고 갑자기 나타나 문제를 낸 아빠…

심지어 몰래 지켜보는 엄마까지!?

씨익

?!

가족의 사랑이
느껴지니, 석아…?

날 위한 거 맞아…?

그 뒤 일주일간 삐쳤다.

마음의
꿀팁

4×3과 3×4의 값이 12라는 같은 숫자로 이루어졌지?
이렇게 곱셈구구는 곱하는 순서를 바꿔도 답이 똑같다는 걸 알 수 있어.
곱셈구구를 이용한 문제를 다양하게 풀어봐야 해.
내가 공부한 내용을 적용하지 않으면 그 내용은 금방 잊게 되거든.
곱셈구구의 다양한 개념을 꼭 문제를 풀면서 적용해 봐.

배열을 통해 곱셈 계산하기

하나의 수는 여러 가지 곱셈으로 나타낼 수 있어.
1~9까지 곱셈구구를 떠올리며 빈칸을 채워 봐!

상자에 들어 있는 물건이 모두 몇 개인지 여러 가지 곱셈식으로 나타내어 보세요.

①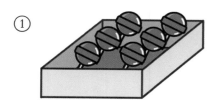

$1 \times \boxed{6} = \boxed{6}$ $2 \times \boxed{} = \boxed{}$

$3 \times \boxed{} = \boxed{}$ $6 \times \boxed{} = \boxed{}$

②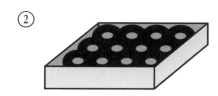

$2 \times \boxed{} = \boxed{}$ $3 \times \boxed{} = \boxed{}$

$4 \times \boxed{} = \boxed{}$ $6 \times \boxed{} = \boxed{}$

③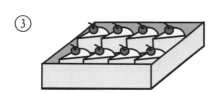

$1 \times \boxed{} = \boxed{}$ $2 \times \boxed{} = \boxed{}$

$4 \times \boxed{} = \boxed{}$ $8 \times \boxed{} = \boxed{}$

④

$4 \times \boxed{} = \boxed{}$ $6 \times \boxed{} = \boxed{}$

$9 \times \boxed{} = \boxed{}$

⑤

$1 \times \boxed{} = \boxed{}$ $2 \times \boxed{} = \boxed{}$

$4 \times \boxed{} = \boxed{}$ $8 \times \boxed{} = \boxed{}$

배열을 통해 곱셈 계산하기

상자에 들어 있는 물건이 모두 몇 개인지 여러 가지 곱셈식으로 나타내어 보세요.

①

$1 \times \boxed{} = \boxed{}$ $3 \times \boxed{} = \boxed{}$

$9 \times \boxed{} = \boxed{}$

②

$2 \times \boxed{} = \boxed{}$ $3 \times \boxed{} = \boxed{}$

$4 \times \boxed{} = \boxed{}$ $6 \times \boxed{} = \boxed{}$

③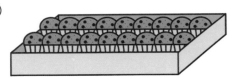

$2 \times \boxed{} = \boxed{}$ $3 \times \boxed{} = \boxed{}$

$6 \times \boxed{} = \boxed{}$ $9 \times \boxed{} = \boxed{}$

④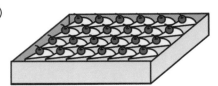

$6 \times \boxed{} = \boxed{}$ $4 \times \boxed{} = \boxed{}$

$3 \times \boxed{} = \boxed{}$ $8 \times \boxed{} = \boxed{}$

⑤

$1 \times \boxed{} = \boxed{}$ $2 \times \boxed{} = \boxed{}$

$3 \times \boxed{} = \boxed{}$ $6 \times \boxed{} = \boxed{}$

곱셈 계산하기

곱셈을 계산할 때 주어진 곱셈식의 의미를 파악해야 해.
2×3은 2의 3배라는 뜻이야.
이제까지 공부한 다양한 방법을 적용해서 문제를 풀어 봐.

💬 곱셈을 계산하세요.

① $2 \times 3 = \boxed{}$

② $8 \times 4 = \boxed{}$

③ $6 \times 5 = \boxed{}$

④ $5 \times 7 = \boxed{}$

⑤ $7 \times 8 = \boxed{}$

⑥ $9 \times 0 = \boxed{}$

⑦ $1 \times 6 = \boxed{}$

⑧ $6 \times 7 = \boxed{}$

⑨ $6 \times 6 = \boxed{}$

⑩ $9 \times 3 = \boxed{}$

⑪ $8 \times 8 = \boxed{}$

⑫ $9 \times 5 = \boxed{}$

⑬ $3 \times 8 = \boxed{}$

⑭ $2 \times 4 = \boxed{}$

⑮ $3 \times 7 = \boxed{}$

⑯ $5 \times 2 = \boxed{}$

⑰ $7 \times 4 = \boxed{}$

⑱ $4 \times 9 = \boxed{}$

⑲ $8 \times 6 = \boxed{}$

⑳ $2 \times 9 = \boxed{}$

㉑ $3 \times 3 = \boxed{}$

㉒ $2 \times 2 = \boxed{}$

㉓ $0 \times 7 = \boxed{}$

㉔ $1 \times 8 = \boxed{}$

곱셈 계산하기

 곱셈을 계산하세요.

① 2 × 6 = ☐   ② 8 × 5 = ☐   ③ 6 × 3 = ☐

④ 4 × 7 = ☐   ⑤ 5 × 3 = ☐   ⑥ 9 × 1 = ☐

⑦ 7 × 6 = ☐   ⑧ 0 × 3 = ☐   ⑨ 3 × 4 = ☐

⑩ 7 × 7 = ☐   ⑪ 8 × 1 = ☐   ⑫ 7 × 5 = ☐

⑬ 2 × 8 = ☐   ⑭ 4 × 4 = ☐   ⑮ 5 × 6 = ☐

⑯ 3 × 9 = ☐   ⑰ 7 × 2 = ☐   ⑱ 3 × 6 = ☐

⑲ 5 × 1 = ☐   ⑳ 7 × 9 = ☐   ㉑ 2 × 5 = ☐

㉒ 8 × 0 = ☐   ㉓ 9 × 9 = ☐   ㉔ 5 × 5 = ☐

크기 비교하기

곱해지는 수가 크다고
곱한 값이 무조건 큰 것은 아니야.
곱셈을 계산해서 수의 크기를 비교해 보자.

 곱이 더 큰 쪽에 ○ 하세요.

①
6×2 3×5
( ) ( )

②
4×4 9×2
( ) ( )

③
8×7 6×9
( ) ( )

④
4×8 6×6
( ) ( )

⑤
7×3 4×5
( ) ( )

⑥
3×2 9×0
( ) ( )

⑦
2×8 3×6
( ) ( )

⑧
3×2 1×7
( ) ( )

⑨
5×3 4×4
( ) ( )

⑩
8×0 2×4
( ) ( )

⑪
5×8 7×6
( ) ( )

⑫
7×7 6×8
( ) ( )

3 DAY
B

크기 비교하기

🔘 곱이 더 작은 쪽에 △하세요.

①
5 × 2	4 × 3
( )	( )

②
7 × 9	8 × 8
( )	( )

③
6 × 7	8 × 5
( )	( )

④
3 × 9	6 × 4
( )	( )

⑤
7 × 7	6 × 8
( )	( )

⑥
8 × 1	2 × 5
( )	( )

⑦
8 × 8	9 × 7
( )	( )

⑧
9 × 5	7 × 6
( )	( )

⑨
0 × 9	3 × 3
( )	( )

⑩
8 × 0	1 × 7
( )	( )

⑪
9 × 2	7 × 3
( )	( )

⑫
9 × 7	8 × 9
( )	( )

곱셈 계산하기

1~9단까지의 곱셈구구를 떠올리며
한 칸씩 계산해 볼까?

💬 빈칸에 알맞은 수를 써넣으세요.

① 4 →×2→ ☐ →×9→ ☐

② 2 →×3→ ☐ →×8→ ☐

③ 3 →×3→ ☐ →×5→ ☐

④ 1 →×5→ ☐ →×5→ ☐

⑤ 3 →×2→ ☐ →×7→ ☐

⑥ 1 →×7→ ☐ →×9→ ☐

⑦ 3 →×0→ ☐ →×8→ ☐

⑧ 4 →×2→ ☐ →×7→ ☐

⑨ 2 →×1→ ☐ →×9→ ☐

⑩ 1 →×9→ ☐ →×8→ ☐

곱셈 계산하기

빈칸에 알맞은 수를 써넣으세요.

① 4 →×2→ □ →×8→ □

② 3 →×3→ □ →×9→ □

③ 5 →×1→ □ →×6→ □

④ 1 →×5→ □ →×0→ □

⑤ 7 →×1→ □ →×8→ □

⑥ 2 →×4→ □ →×5→ □

⑦ 4 →×1→ □ →×9→ □

⑧ 1 →×9→ □ →×0→ □

⑨ 8 →×1→ □ →×7→ □

⑩ 3 →×2→ □ →×9→ □

표 완성하기

이젠 곱셈구구가 두렵지 않지?

1부터 9까지 곱셈구구를 떠올려 봐!

그러면 금방 찾을 수 있어.

💬 빈칸에 알맞은 수를 써넣으세요.

예시

×		
3	6	18
9	4	36
27	24	

①

×		
2		10
	5	
12		

②

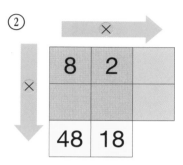

×		
8	2	
48	18	

③

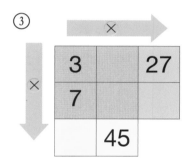

×		
3		27
7		
	45	

④

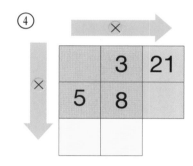

×		
	3	21
5	8	

⑤

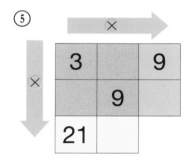

×		
3		9
	9	
21		

⑥

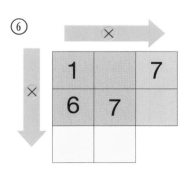

×		
1		7
6	7	

⑦

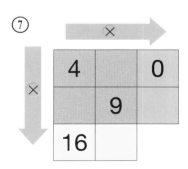

×		
4		0
	9	
16		

⑧

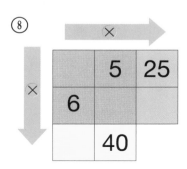

×		
	5	25
6		
	40	

5 DAY
B

표 완성하기

빈칸에 알맞은 수를 써넣으세요.

①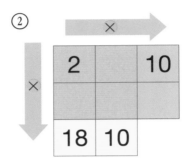

②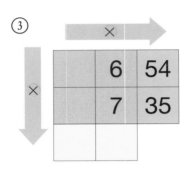

③

④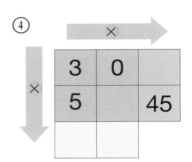

⑤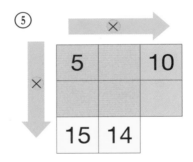

⑥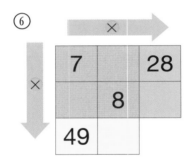

⑦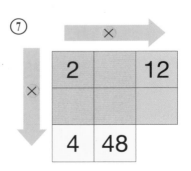

⑧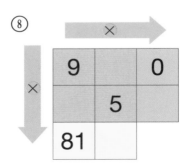

⑨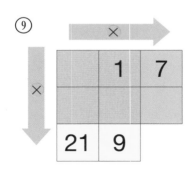

136

이야기로 풀어요

노란 구슬과
파란 구슬이 들어 있는
상자를 보고 석이는
고민에 빠졌습니다.

노란 구슬과 파란 구슬이
섞여 있어서 곱셈구구로
계산을 못 하겠어.

아빠가 도와줄게.
노란 구슬을 먼저
7단으로 계산하고
파란 구슬을
2단으로 계산해 봐.

7×6=42와
2×6=12를 더하면 되겠네!
신기하다.
다른 문제도 풀어 봐야지!

9 × 6 = ?

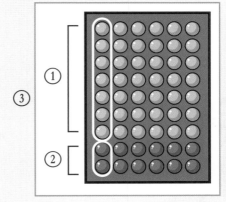

① 7 × 6 = ☐

② 2 × 6 = ☐

③ 9 × 6 = ☐ + ☐

= ☐

7 × 8 = ?

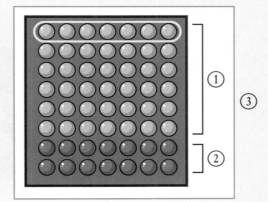

① 7 × 6 = ☐

② 7 × 2 = ☐

③ 7 × 8 = ☐ + ☐

= ☐

2학년 2권
- 정답 -

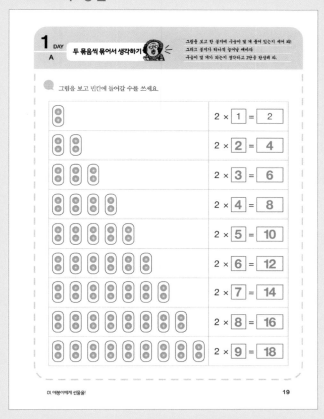

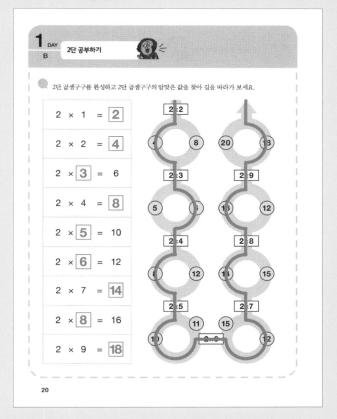

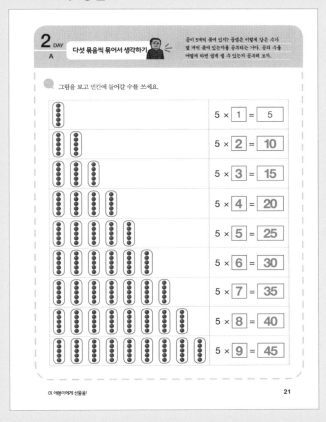

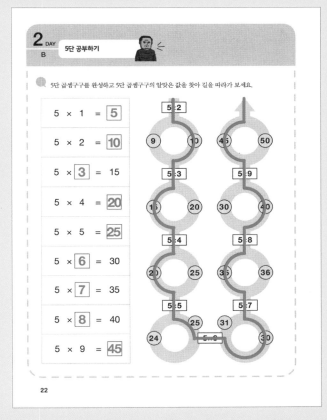

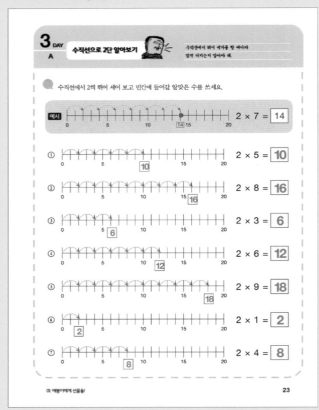

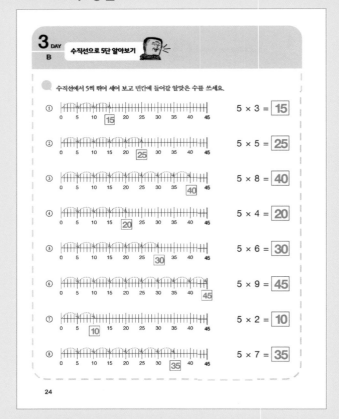

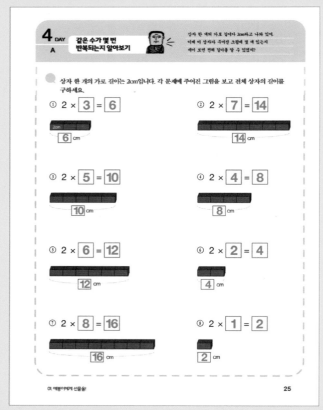

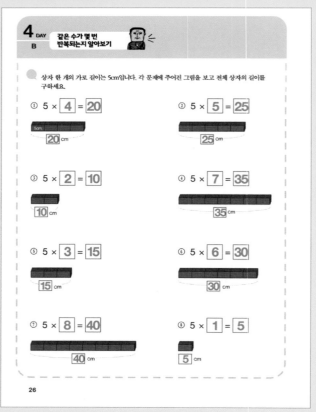

≫≫ 27쪽 정답

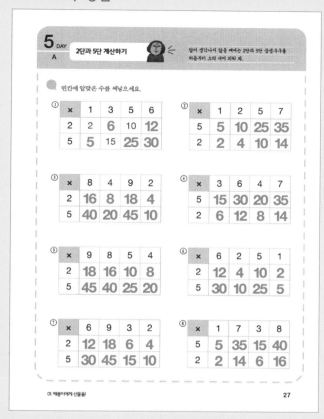

≫≫ 28쪽 정답

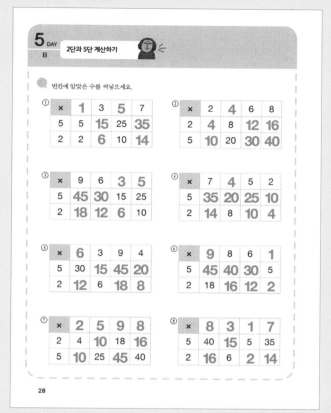

≫≫ 29쪽 정답

≫≫ 33쪽 정답

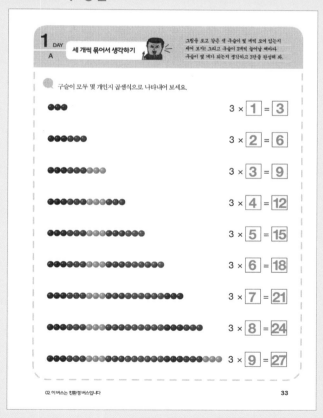

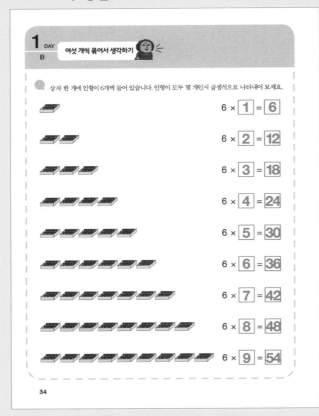

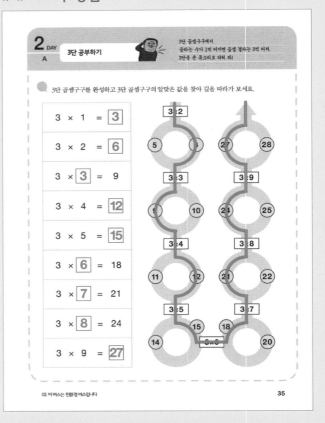

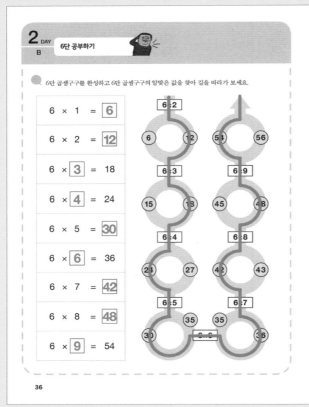

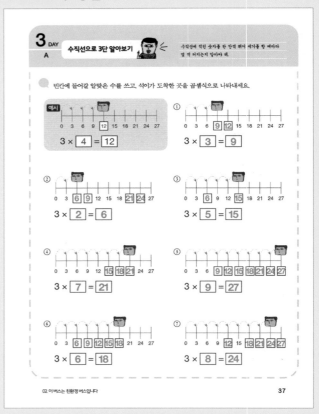

≫≫ 38쪽 정답

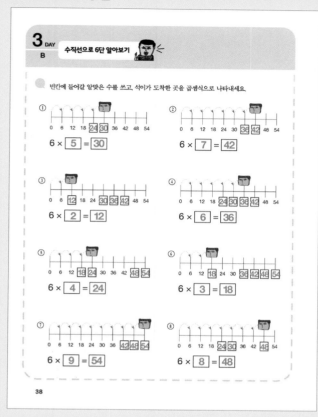

≫≫ 39쪽 정답

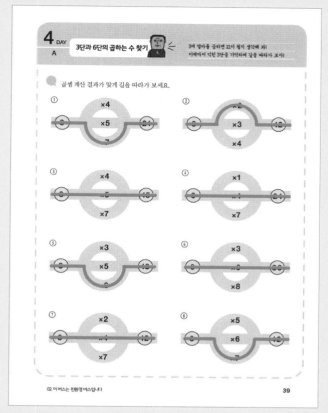

≫≫ 40쪽 정답

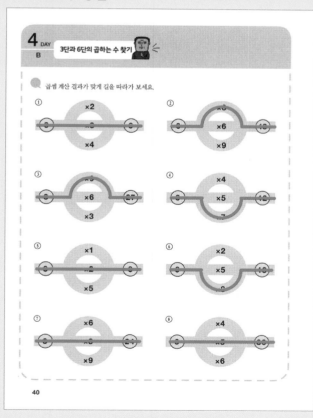

≫≫ 41쪽 정답

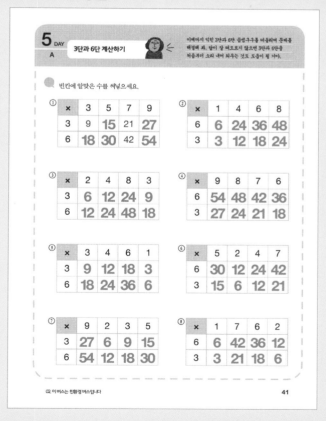

≫≫ 42쪽 정답

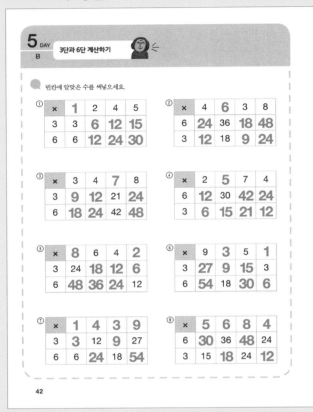

≫≫ 43쪽 정답

≫≫ 47쪽 정답

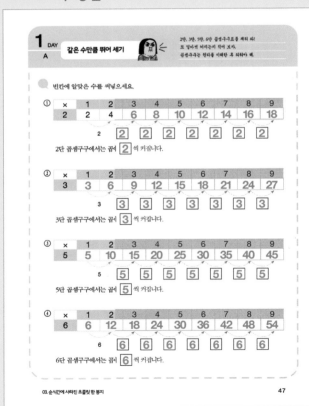

≫≫ 48쪽 정답

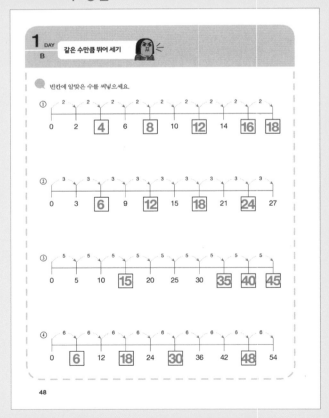

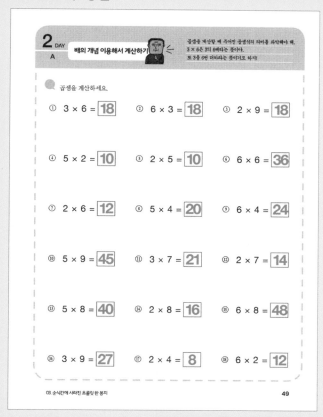

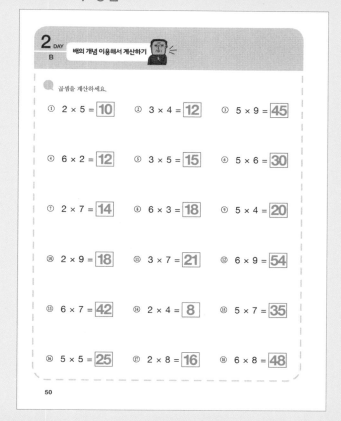

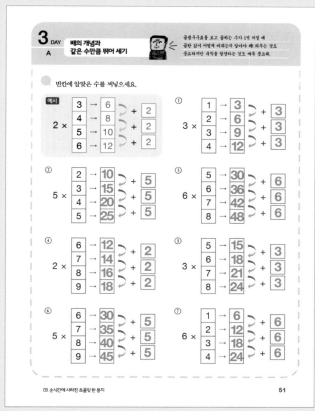

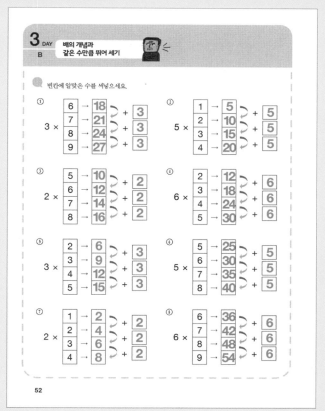

답지

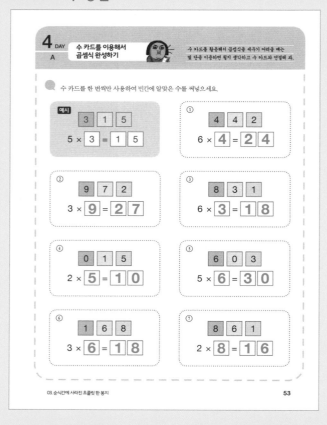

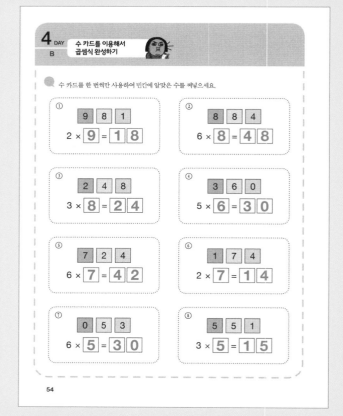

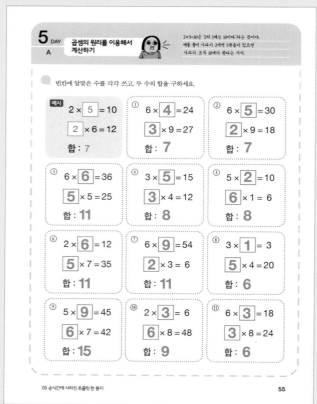

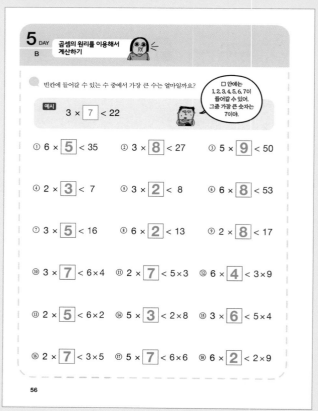

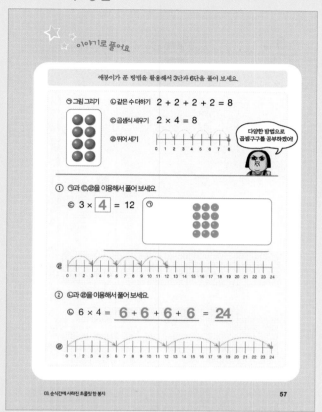

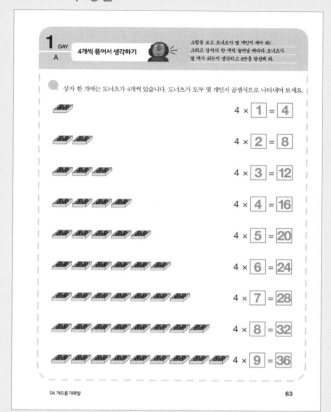

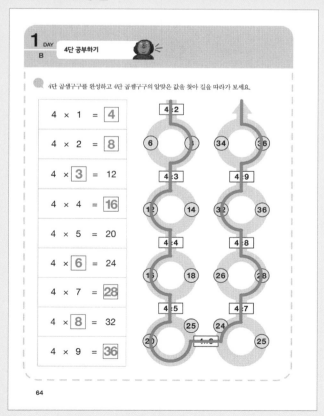

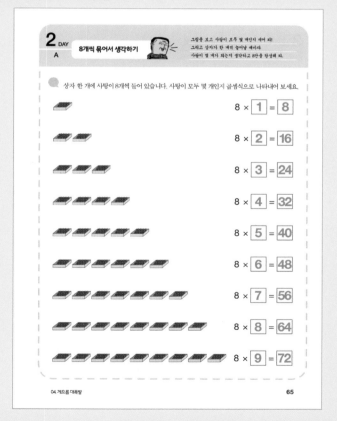

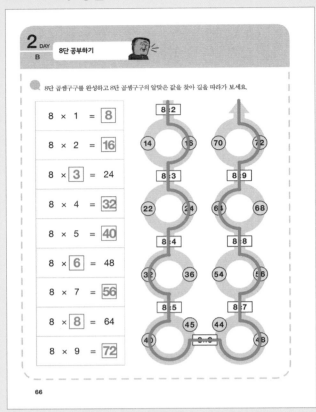

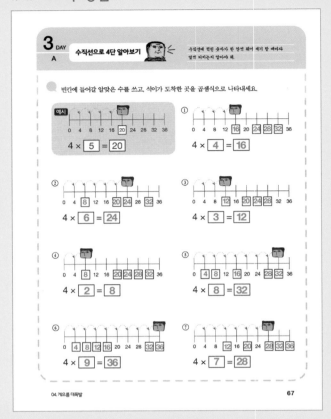

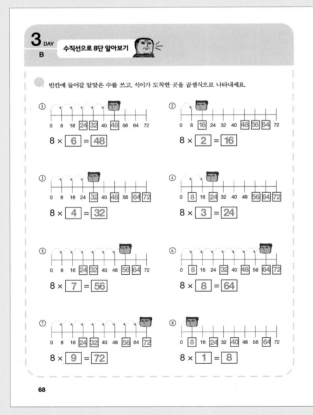

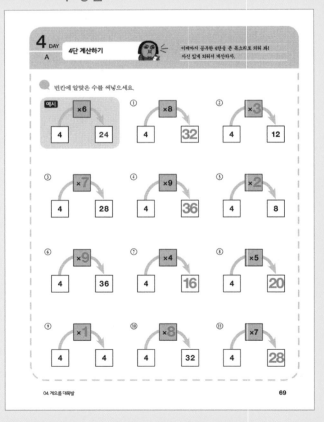

≫≫ 70쪽 정답

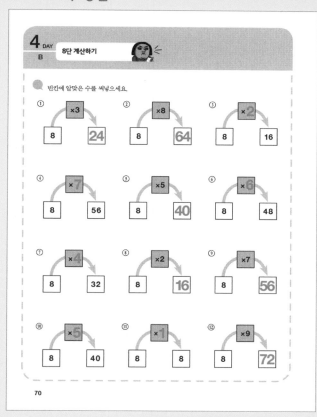

≫≫ 71쪽 정답

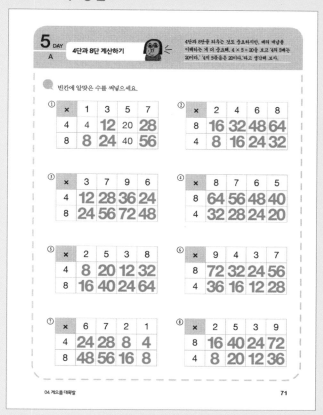

≫≫ 72쪽 정답

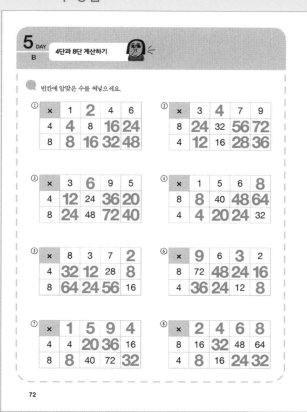

≫≫ 73쪽 정답

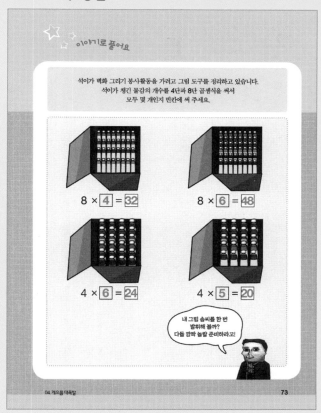

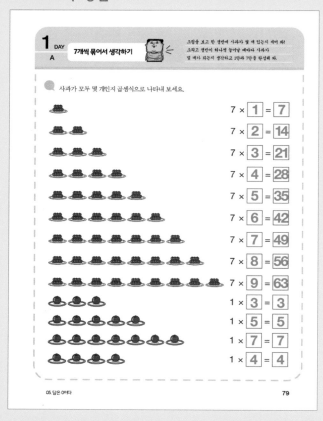

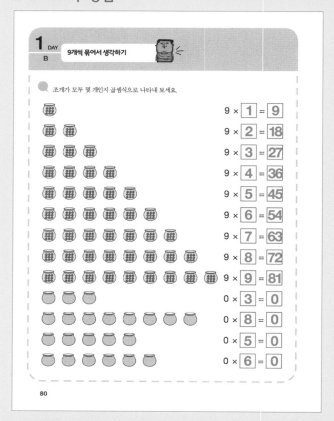

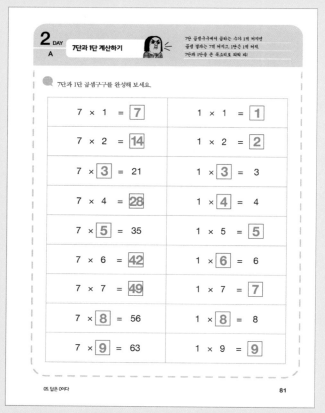

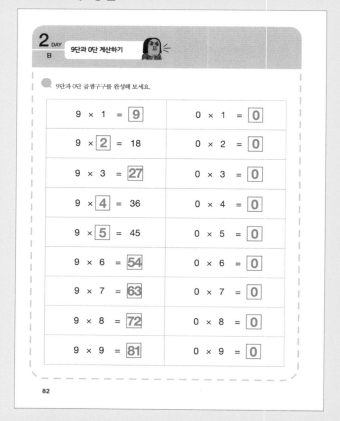

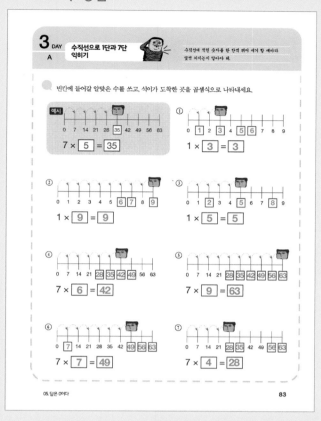

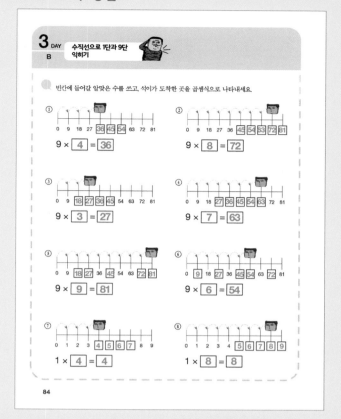

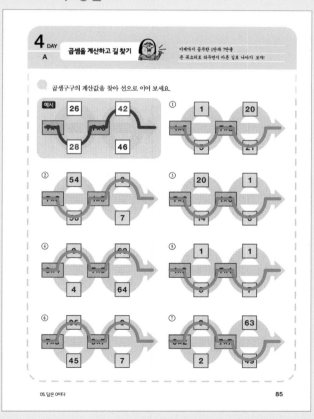

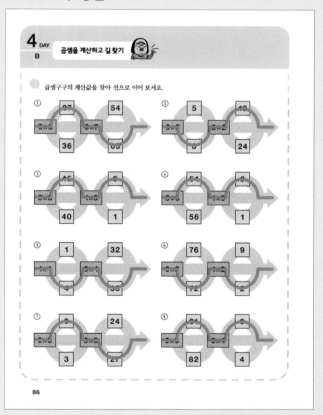

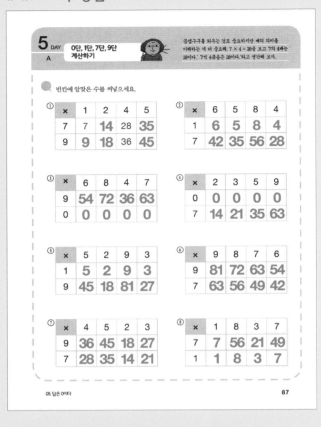

5 DAY A 0단, 1단, 7단, 9단 계산하기

빈칸에 알맞은 수를 써넣으세요.

①

×	1	2	4	5
7	7	14	28	35
9	9	18	36	45

②

×	6	5	8	4
1	6	5	8	4
7	42	35	56	28

③

×	6	8	4	7
9	54	72	36	63
0	0	0	0	0

④

×	2	3	5	9
0	0	0	0	0
7	14	21	35	63

⑤

×	5	2	9	3
1	5	2	9	3
9	45	18	81	27

⑥

×	9	8	7	6
9	81	72	63	54
7	63	56	49	42

⑦

×	4	5	2	3
9	36	45	18	27
7	28	35	14	21

⑧

×	1	8	3	7
7	7	56	21	49
1	1	8	3	7

5 DAY B 0단, 1단, 7단, 9단 계산하기

빈칸에 알맞은 수를 써넣으세요.

①

×	2	4	6	8
1	2	4	6	8
9	18	36	54	72

②

×	1	3	4	5
0	0	0	0	0
7	7	21	28	35

③

×	6	7	8	9
9	54	63	72	81
7	42	49	56	63

④

×	3	6	9	5
7	21	42	63	35
1	3	6	9	5

⑤

×	9	7	5	3
9	81	63	45	27
0	0	0	0	0

⑥

×	2	5	9	4
7	14	35	63	28
9	18	45	81	36

⑦

×	2	7	3	9
7	14	49	21	63
1	2	7	3	9

⑧

×	0	8	3	7
9	0	72	27	63
7	0	56	21	49

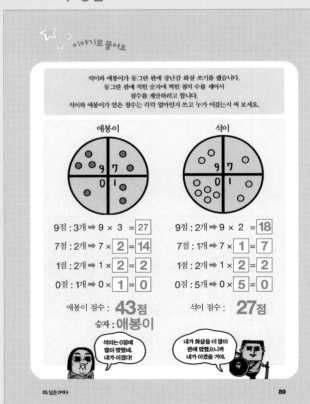

이야기로 풀어요

석이와 애봉이가 동그란 판에 장난감 화살 쏘기를 했습니다.
동그란 판에 적힌 숫자에 찍힌 점의 수를 세어서
점수를 계산하려고 합니다.
석이와 애봉이가 얻은 점수는 각각 얼마인지 쓰고 누가 이겼는지 써 보세요.

애봉이
9점 : 3개 ➡ 9 × 3 = 27
7점 : 2개 ➡ 7 × 2 = 14
1점 : 2개 ➡ 1 × 2 = 2
0점 : 1개 ➡ 0 × 1 = 0
애봉이 점수 : **43점**

석이
9점 : 2개 ➡ 9 × 2 = 18
7점 : 1개 ➡ 7 × 1 = 7
1점 : 2개 ➡ 1 × 2 = 2
0점 : 5개 ➡ 0 × 5 = 0
석이 점수 : **27점**

승자 : 애봉이

석이는 0점에 많이 맞혔네. 내가 이긴다!

내가 화살을 더 많이 판에 맞혔으니까 내가 이겼을 거야.

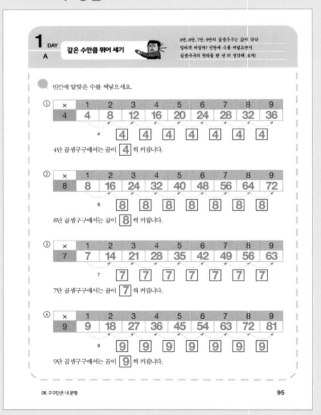

1 DAY A 같은 수만큼 뛰어 세기

빈칸에 알맞은 수를 써넣으세요.

①

×	1	2	3	4	5	6	7	8	9
4	4	8	12	16	20	24	28	32	36

4 [4][4][4][4][4][4][4]

4단 곱셈구구에서는 곱이 [4] 씩 커집니다.

②

×	1	2	3	4	5	6	7	8	9
8	8	16	24	32	40	48	56	64	72

8 [8][8][8][8][8][8][8]

8단 곱셈구구에서는 곱이 [8] 씩 커집니다.

③

×	1	2	3	4	5	6	7	8	9
7	7	14	21	28	35	42	49	56	63

7 [7][7][7][7][7][7][7]

7단 곱셈구구에서는 곱이 [7] 씩 커집니다.

④

×	1	2	3	4	5	6	7	8	9
9	9	18	27	36	45	54	63	72	81

9 [9][9][9][9][9][9][9]

9단 곱셈구구에서는 곱이 [9] 씩 커집니다.

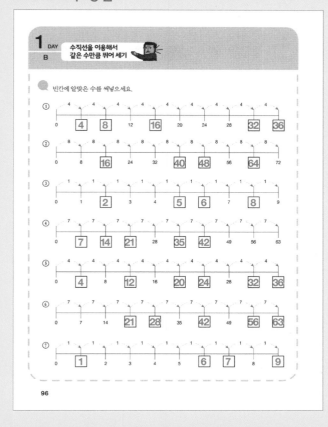

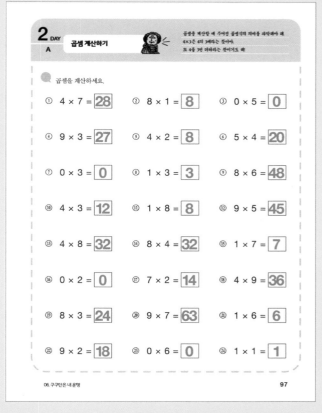

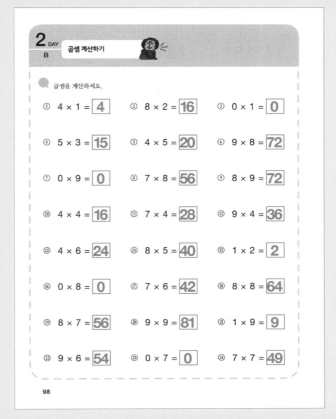

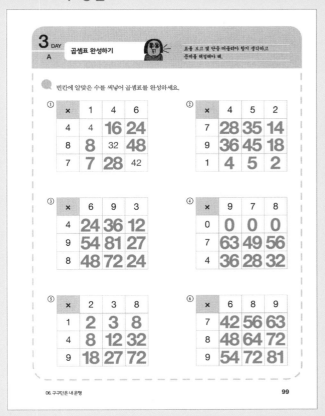

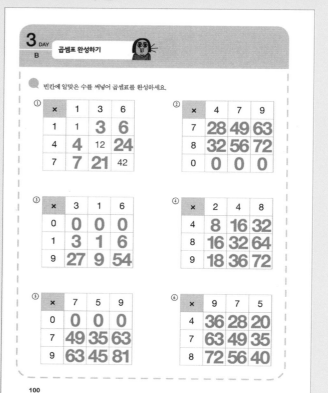

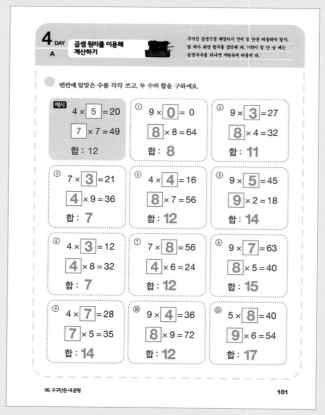

06. 구구단은 내 운명   101

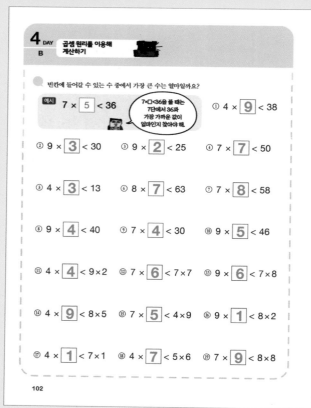

102

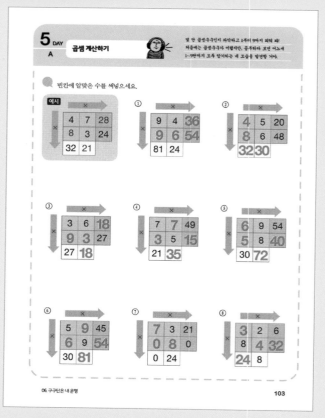

06. 구구단은 내 운명   103

154

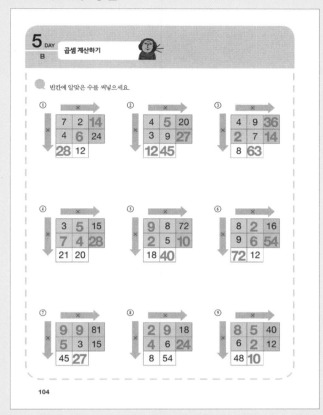

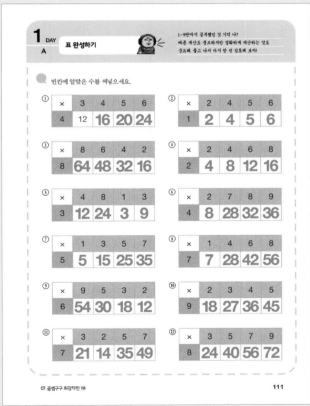

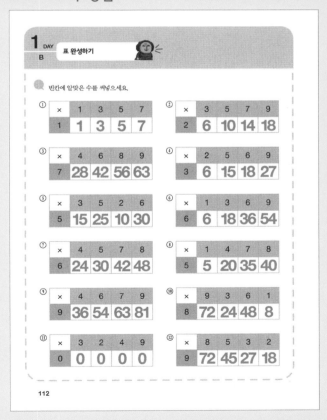

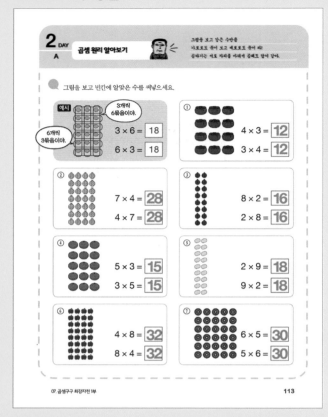

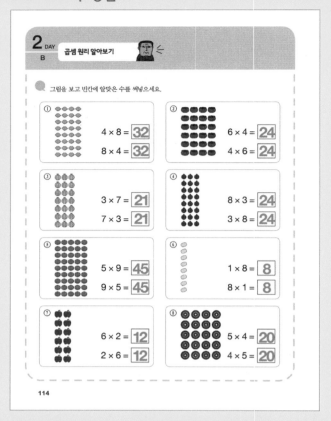

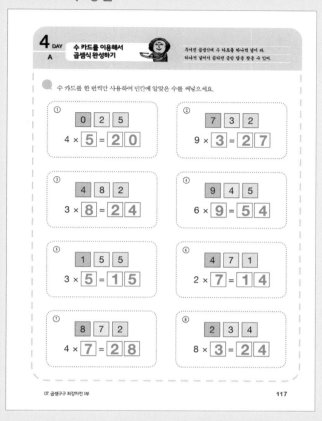

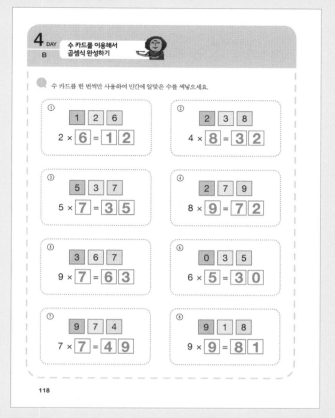

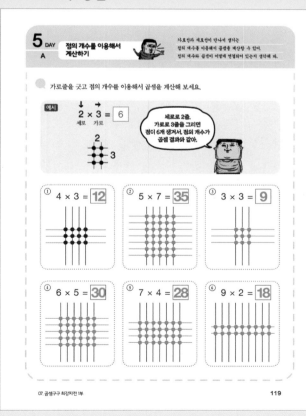

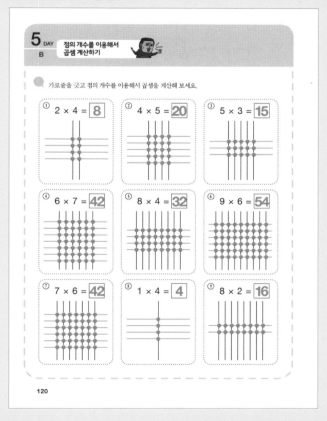

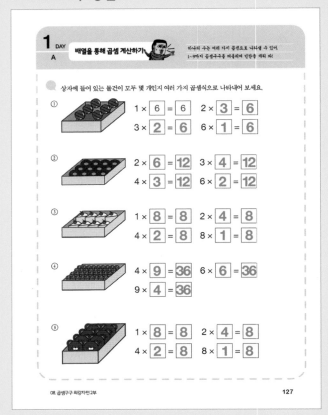

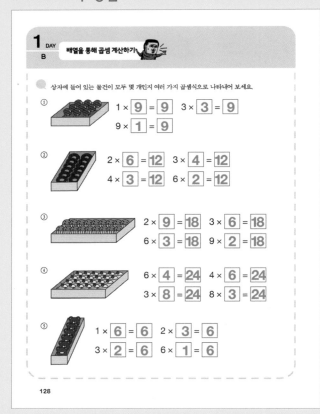

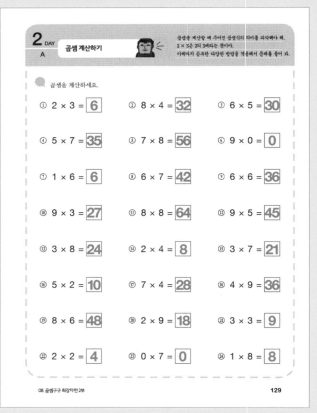

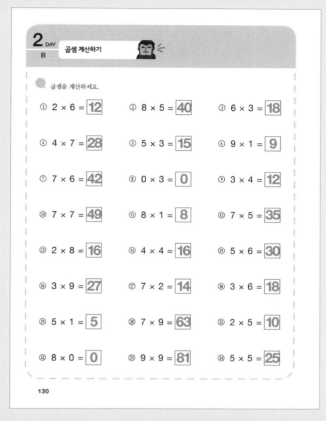

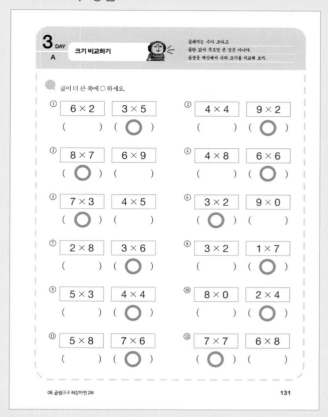

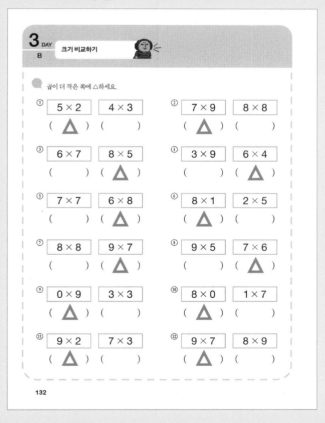

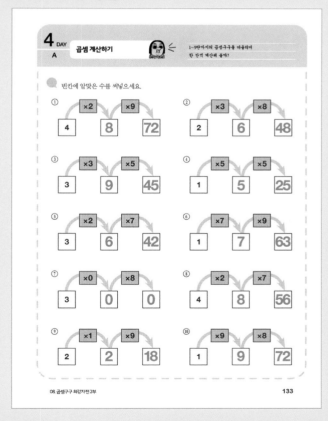

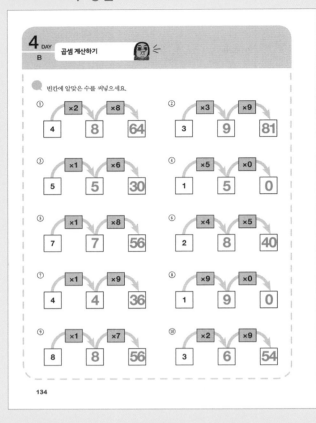

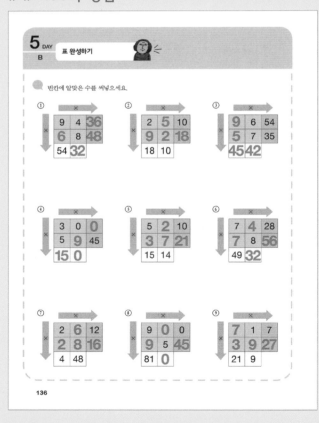

창의력 뿜뿜상

2학년 .... 반

....

위 학생은 다양한 방식으로 곱셈구구를 익혀
어려운 문제도 나만의 방식으로 풀어내
모두를 깜짝 놀라게 했기에 이 상장을 드립니다.

.... 년 .... 월 .... 일